地震资料解释课程设计指导书

刘淑芬　主编

中国石化出版社

·北京·

图书在版编目（CIP）数据

地震资料解释课程设计指导书／刘淑芬主编．
北京：中国石化出版社，2024.8. --ISBN 978 - 7 -
5114 - 7644 - 9

Ⅰ. P315.73

中国国家版本馆 CIP 数据核字第 2024PZ3677 号

中国石化出版社出版发行

地址：北京市东城区安定门外大街 58 号
邮编：100011　电话：(010)57512500
发行部电话：(010)57512575
http://www.sinopec-press.com
E-mail：press@ sinopec.com
北京中石油彩色印刷有限责任公司印刷
全国各地新华书店经销

*

787 毫米×1092 毫米　16 开本　10.25 印张　206 千字
2024 年 8 月第 1 版　2024 年 8 月第 1 次印刷
定价：52.00 元

前　言

国内石油高校和许多地质类院校，关于地震勘探原理与解释方面的课程是必修课程。东北石油大学在勘查技术与工程、资源勘查工程、地质学专业均开设了地震勘探原理与解释课程，并于十余年前独立开设了地震资料解释课程与设计课程。本教材基于编者多年的教学和科研实践，结合油气勘探开发领域地震资料的应用现状与发展趋势编写而成。

本教材面向已学习了地震勘探原理、构造地质学、沉积学等课程的本科生、研究生，也可作为从事石油、天然气等地质能源勘探开发专业工作者的参考用书。

本教材主要包括五部分内容，以油气地震资料解释基本方法、构造、地层、沉积、储层研究为主线编写。第一章为地震资料解释基础；第二章为地震资料构造解释；第三章为地震地层学解释；第四章为地震储层预测；第五章为地震资料解释技术展望。

本教材由产教深度融合、专业教师和企业技术专家默契合作的教材编写团队编写而成。与国内地震解释类教材相比，以利用地震资料解决复杂工程问题为出发点，尽量减少应用地球物理的理论与推演论证。本教材各部分以油田实际数据为例，用通俗的地质语言及丰富的图件表达地震资料解释方法，便于相关专业学生理解使用。

本教材由东北石油大学刘淑芬老师担任主编；东北石油大学王殿举、陈曦、石颖、何春波，中国石油大庆油田有限责任公司勘探开发研究院裴明波，中国石油大庆塔木察格有限责任公司辛世伟任副主编。其中，刘淑芬编写第一章及附录，并负责统稿，王殿举编写第二章，陈曦编写第三章和第四章第一节，何春波编写第四章第二节，石颖编写第五章；裴明波、辛世伟校订了全书各章节内容。教材参考了中国地质大学（武汉）孙家振老师、中国石油大学（华东）陆基孟老师相关教材的部分内容。

在教材的编写过程中，许多研究生参与了资料的整理与图表清绘工作，他们分别是朱波涛、李亚盛、鲍志超、范欢。东北石油大学李占东老师、张海翔老师为教材编写提供了宝贵意见。本教材的出版得到了东北石油大学地球科学学院的资助，在此一并表示衷心的感谢！

由于编者水平有限，编写时间仓促，书中难免有错误和不妥之处，欢迎广大读者批评指正。

目　　录

第一章　地震资料解释基础

在油气田的地震勘探中，地震资料解释的主要任务是利用处理后的各种反射地震剖面，结合地质、钻探、测井及其他物探资料，根据地震波的传播理论和地质规律，把地震剖面转化为地质剖面，进一步研究区域的构造发育史、盆地的发育演化史、沉积史和油气运移聚集史，做出油气资源评价，在有利的构造和地层岩性圈闭上提供钻探井位。地震资料解释的正确与否直接关系到油气藏的发现，关系到盆地评价与油气勘探方向选择等重大战略问题。

地震资料解释就是把地震资料转化成抽象的地质术语，即根据地震资料确定地质构造形态和空间位置，推测地层的岩性、厚度及层间接触关系，确定地层含油气的可能性，为钻探提供准确井位等。很显然这种转化和转化的质量是每个解释人员的学识、解释技巧、解释经验和想象力的综合表现，最终的成果体现在地质解释的合理性上。

第一节　地震剖面特征

一、一道地震记录的形成

图 1–1–1 是在同一地点得到的地质柱状图、速度测井曲线和地震记录。其中，地质柱状图和速度测井曲线的纵坐标已经根据速度资料进行了变换，即按照与野外地震记录一样的时间坐标，而不是按深度的线性坐标画出的。图中野外地震记录上只有几组明显的反射，而地质柱状图上的不同岩性地层的分界面有 20 多个，在速度测井曲线上划分得更细致，可以看到整个剖面是由数目很多的（比 20 层还要多）速度不同的薄层组成的。也就是说，可能存在很多的波阻抗界面。这表明，并不是地质柱状图上的每个地层分界面都在地震记录上对应有一个反射波。在地震记录上看到只有 0.6s、0.9s、1.2s 处有较明显的反射，如果将地质柱状图和速度测井曲线进行比较，就会发现：进行柱状图上的第二含白斑层，以及相应的速度测井曲线上 R_2 附近速度的明显变化，同地震记录上 0.6s 的反射波是有密切联系的；0.9s 的反射波同地质柱状图上的含少量迭燧石石灰岩和速度测井曲线上的 $R_5 \sim R_6$ 段有密切联系；1.2s 的反射波同地质柱状图上的盐层和速度测井曲线上的 $R_8 \sim R_9$ 段有密切联系。

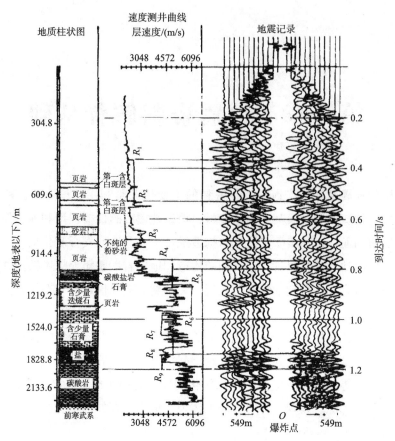

图 1-1-1 同一地点得到的地质柱状图、速度测井曲线和地震记录

那么，地震记录的面貌是怎样形成的？爆炸时产生的尖脉冲，在爆炸点附近的介质中以冲击波的形式传播，当传播到一定距离时，波形逐渐稳定，这时的地震波称为地震子波。地震子波在继续传播过程中，其振幅会因各种原因而衰减，但波形的变化可以认为是很小的，在一定条件下可以看作不变。地震子波在向下传播过程中，遇到波阻抗分界面就会发生反射和透射。最后，地震子波从地下各个反射界面反射回来，这些反射回来的地震子波在波形上严格讲是有区别的，可以近似地认为一样，并且它们在振幅上有大有小（主要取决于反射界面的反射系数的绝对值），极性有正有负（取决于反射系数是正还是负），到达时间有先有后（取决于反射界面的深度和波速）。

另外，地下地层的厚薄对于记录面貌的形成也有影响。设地震子波的延续时间为 Δt，穿过岩层的时间为 $\Delta \tau$，此时：①岩层较厚，$\Delta \tau > \Delta t$，如图 1-1-2 所示，同一接收点收到的来自界面 R_1 和 R_2 的两个反射波也可以分开，形成两个单波，保留着各自的波形特征，这种情况，一般较少；②岩层较薄时，$\Delta \tau < \Delta t$，来自相距很近的各个界面的地震反射子波，到达地面一个地点时，相互叠加，如图 1-1-3 所示，形成复波。S 点接收到的来自 R_1、R_2、R_3 界面的地震子波，相互叠加的结果，①＋②＋③的复波，它到此已分不出哪个是 R_1 上的波形，哪个是 R_2 上的波形，哪个是 R_3 上的波形了。这就告诉我们在地震记

录上看到的一个反射波组并不是简单地等于一个反射波，即并不是来自一个界面上的反射波，而是来自一组靠得很近的界面的许多地震反射子波叠加的结果。在这一组靠得很近的界面中，必有起着主要作用的界面。那么，以某一个界面为主的一组靠得很近的界面，只要这些薄层的厚度和岩性在一定的地段或地区是相对稳定的，则来自这组界面的许多地震反射子波的相互关系也是相对稳定的。因而，它们的叠加结果——地震记录上的反射子波组，其波组特征(相位个数、哪个相位最强等)也一定具有某些相对稳定的性质。这就是地震记录面貌形成的过程。同时也说明了，地震记录上的波组与地下岩层之间既有联系又有区别的关系。上述地震记录面貌形成的物理过程，可用数学公式 $X(t) = B(t) * R(t)$ 即所谓人工合成地震记录的褶积模型公式表达。其中，$B(t)$ 为地震子波；$R(t)$ 为反射系数，由声波测井资料和密度测井资料换算得到；"$*$"表示对 $B(t)$ 和 $R(t)$ 作褶积运算。

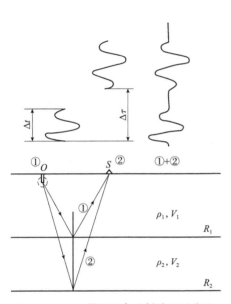

图1-1-2 厚层两个反射波可以分开

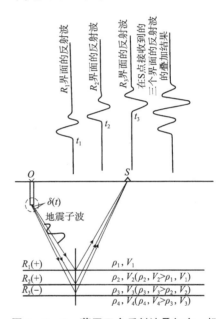

图1-1-3 薄层三个反射波叠加在一起

二、水平叠加时间剖面的特点

1. 水平叠加时间剖面的形成

地震野外资料经过数字处理之后，可以得到多种地震信息，这些地震信息的大多数以时间剖面的形式显示出来。目前使用最广泛的时间剖面有两种：一是水平叠加时间剖面，简称水平叠加剖面；二是偏移叠加时间剖面，简称叠偏剖面。这两种剖面既是地震构造解释的主要时间剖面，又是各种地质解释不可或缺的资料。

通过前面几章的学习我们知道在对一个工区开展工作之前，首先要根据地质任务设计地震测线，其次沿测线进行采集工作。当前大都采用多次覆盖观测系统，对于不同的激发点和接收点，当界面水平时可以得到来自地下同一点的反射信息。通过计算机处理，把属于同一个共反射点的记录道归到一起,形成共反射点记录。经过动校正,把双曲线形状的时距曲线变成与共中心点处回声反射时间一致的直线,再把其反射点的信号按道集叠加起来(图1-1-4),经过显示便得到水平叠加时间剖面[图1-1-5(a)]。对于复杂界面,需作偏移处理才能得到偏移叠加时间剖面[图1-1-5(b)]。以上只是粗略地说明了时间剖面形成的过程,为了获得符合解释要求的时间剖面,在信息采集和资料处理方面还要做许多细致的工作。时间剖面的横坐标代表共中心点叠加道的位置,一般用表示位置的桩号表示,叠加道之间的距离为道间距的一半;纵坐标垂直向下,代表反射时间,以秒为单位。

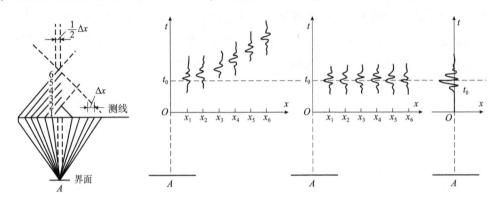

图1-1-4 水平叠加时间剖面形成过程

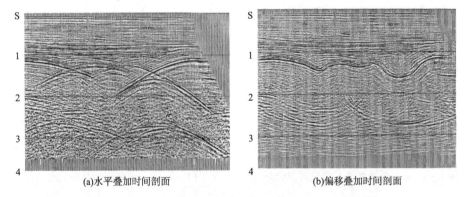

(a)水平叠加时间剖面   (b)偏移叠加时间剖面

图1-1-5 水平叠加时间剖面与偏移叠加时间剖面对比

2. 时间剖面的显示方式

(1)波形记录:保持原有的振动图形,以振幅的大小表示波的强弱,以振动的形状(周期、相位)表示波的固有特点(反映界面起伏的直观性差)。

(2)变面积记录:地震波的强弱显示为梯形面积的大小(反映波的动力学特征细节不清)。

(3)波形加变面积:用波形 + 波峰上的面积表示子波的强弱(波峰涂黑,突出反射层次;波谷空白,便于波形分析和对比,如图1-1-6所示)。

(4)波形加变密度:用光线密度和色调表示子波的强弱(彩色)。优点是:更加直观,表现地震信息的动态范围更大(图1-1-7)。

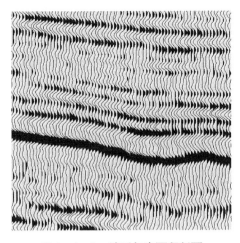

图1－1－6 波形加变面积剖面

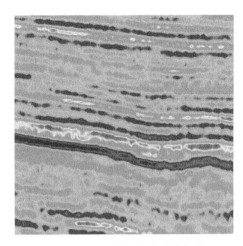

图1－1－7 波形加变密度剖面

3. 水平叠加时间剖面的特点

前文已从不同方面指出了水平叠加时间剖面的一些特点，这里再把这些特点小结一下，以便理解并熟记这些概念和结论，这对地震资料解释工作来说十分重要。

经水平叠加后的时间剖面，已相当于地面各点自激自收剖面。一般情况下（地层倾角小，构造简单），能直观地反映地下地质构造特征，同时也保留了各种地震波的现象和特点，为我们进行地质解释提供了直观且丰富的资料。

但是，我们必须十分清楚地认识到时间剖面并不是沿测线铅垂向下的地质剖面。当地层倾斜时，时间剖面与地质剖面之间有许多重要的差别。

（1）在测线上同一点，由钻井资料得到的地质剖面上的地层分界面与时间剖面上的反射波同相轴在数量上、出现位置上常常不是一一对应的。另外，时间剖面的纵坐标是法线反射时间 t_0，不是深度 h（V 随深度变化），所以，时间剖面上的反射同相轴所反映的界面形态有假象。须引入速度函数，把 t_0 变换成 h 后，才能与钻井剖面或测井曲线进行对比。

（2）时间剖面上的反射同相轴及波形本身都包含了地下地层的构造和岩性信息。但反射同相轴是与地下界面对应的，一个界面的反射特性又与界面两边的岩性有关。一个反射波并不是与一个层简单对应，而是与两个层有关。必须经过一些特殊的处理（波阻抗技术等），把反射波包含的界面信息转换成与"层"有关的信息。这时才能与地质和钻井资料更直接地对比。

（3）水平叠加剖面上存在偏移现象（地质剖面）反映的是沿测线铅垂面上的地质情况，而时间剖面得到的是来自三维空间的地震反射层的法线反射时间（射线平面），并显示在记录点的正下方。当界面倾斜时，水平叠加剖面上反射波的位置不与反射点的位置一致，反射点沿下倾方向偏移，这种现象称为水平叠加剖面的偏移现象（图1－1－8）。

图1－1－8 水平叠加剖面的偏移

（4）在构造复杂的地区，时间剖面上还会出现各种异常波，如由断点产生的绕射波、断面产生的断面波、凹界面产生的回转波等，它们的同相轴形态与地质剖面完全不同，不能直接用于地质解释(必须经过严格处理才能解释，恢复真实面貌，如图1-1-9所示)。

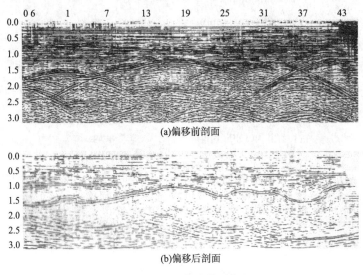

(a)偏移前剖面

(b)偏移后剖面

图1-1-9　偏移前后剖面

三、与复杂地质现象有关的地震波

把地层分界面看作一些延伸很长的平滑的平面，只是对地下实际情况的一种很粗略的简化。实际上地下地质构造往往是很复杂的，由于构造运动的结果，会产生断层、不整合、地层的挠曲褶皱等。

由于存在这些比较复杂的构造，地下的地层界面就可能发生中断、弯曲或变得起伏不平，地下的地质构造除产生次反射波外，还会产生一些与复杂构造有关的地震波，如绕射波、断面波、凸界面反射波、凹界面反射波等。我们习惯上把它们称为异常波。

一方面，异常波会与一次反射波发生干涉，使地震剖面的面貌复杂化，给波的对比和解释带来困难；另一方面，异常波是地下复杂的地质构造引起的，必然同地下复杂的构造有着某些联系——提供了利用它们来了解地下复杂构造的特点的可能。因此只要能认识它们并利用它们，就可以了解地下复杂构造的特点。而且异常波具有一般有效波没有的作用。为此须分析它们产生的原因，了解它们传播的规律及其在时间剖面上出现的特征。

1. 绕射波

1）绕射波的产生

据惠更斯-菲涅耳原理，地震波传播过程中，会遇到界面上的不规则体，例如断层棱点、地层尖灭点、不整合面上的突起点等，这些不规则突起点会形成向四周发射波的一个新的点震源，由这种新的点震源产生的波叫绕射波(图1-1-10)。在图1-1-11中，波

由震源 O 入射到断层棱点 O'，O' 为一次的绕射源，向四面发出绕射波。在 O' 点右侧，绕射与反射干涉，因而表现不明显；O' 点左侧绕射不受反射干涉，会形成明显的绕射波。从图 1 - 1 - 11 还可以看出，在绕射点 O' 两边，由于断层两侧岩性差异而引起速度关系的变化，双曲线的相位也会发生变化；在低速层位于高速层之上的反射定义为，正极性的条件下，右半支与反射波极性一致称为正半支，左半支与反射波极性相反称为负半支。通常正半支表现清楚，成为断盘反射的"尾巴"。

图 1 - 1 - 10 侵蚀面上所产生的绕射波

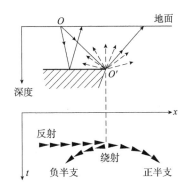

图 1 - 1 - 11 绕射波的产生

2）绕射波的主要特征

首先分析一下绕射波的时距曲线方程，设测线 Ox 垂直于断棱，断棱的埋深为 h，断棱上 R 点在地面的投影点为 R'，R' 到爆炸点 O 的距离为 l，地震波自震源点 O 出发，入射到断棱点上，在 R 点上方形成绕射波。如图 1 - 1 - 12 所示。

波的入射时间：

$$t_1 = \frac{OR}{V} = \frac{1}{V} \sqrt{l^2 + h^2} \tag{1 - 1 - 1}$$

绕射波自 R 点传到地面任意一点的时间：

$$t_2 = \frac{RS}{V} = \frac{1}{V} = \sqrt{(x - l)^2 + h^2} \tag{1 - 1 - 2}$$

于是，在 S 点接收到绕射波总的时间：

$$t = t_1 + t_2 = \frac{1}{V} \sqrt{l^2 + h^2} + \sqrt{(x - l)^2 + h^2} \tag{1 - 1 - 3}$$

这个方程为绕射波时距曲线方程，与反射波时距曲线方程相比具有以下特点：

（1）绕射波时距曲线是双曲线，且比同 t_0 值反射波时距曲线弯曲度大。当用一次反射波的正常时差进行动校正时，由于校正量不足，校正后的绕射波时距曲线其形状仍然是曲线。

（2）时距曲线极小点在绕射点的正上方，由绕射点 R 产生绕射线。以 $\overline{RR'}$ 为最短，不论爆炸点位置如何移动，绕射波时距曲线的极小点总是在绕射点的正上方，绕射波时距曲线与反射波时距曲线相切。如图 1 - 1 - 12 所示，射线 RM 是反射波的中断线。它既是反

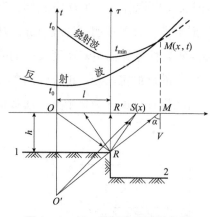

图 1 - 1 - 12　绕射波的时距曲线

射线，又是绕射线，两者时间相等，视速度相同，斜率一致。在其他点上，绕射波的时间总是大于反射波的时间。

绕射波的能量在物理地震学中，根据惠更斯 - 菲涅耳原理及克希霍夫绕射积分理论所建立的广义绕射思想，认为绕射是普遍存在的。通过大量正演计算得出：几何的点或线不足以产生一定能量的绕射波，一个绕射体必须与地震波长相当才能观察到绕射能量。小于菲涅耳带的短反射段与理论的点源绕射曲线一致，绕射波强度同短反射段长度成正比。对称的双支绕射是由短反射段或小断块引起的，其极小点并不是断棱点，是相距较近的两个断点形成的，断层线不通过极小点，而是从其两旁过去。长反射中断点产生的绕射波，是由长反射段断点附近很长一段内的次生绕射源共同合成的；由于负半支被干涉抵消而不易识别，叠加的结果在长反射段断点处产生绕射正半支，称为绕射"尾巴"（图 1 - 1 - 13）。在测线过断层的地方反射波的振幅减小到约为主体反射部分的一半，称为"半幅点"；用半幅点可确定断点位置。

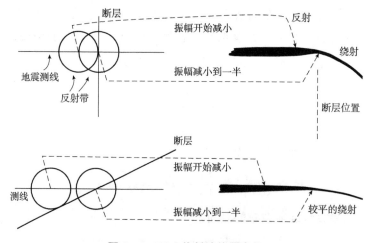

图 1 - 1 - 13　绕射波能量变化

由于绕射双曲线的曲率同样与控制反射带大小的参数有关，当绕射源位于低速剖面的浅部时，绕射表现出很大的曲率；而当绕射源在高速剖面的深部时，其曲率要小得多。如果测线不垂直于断层，那么振幅减弱开始得要早一点，绕射也平一些。

由此可见，在时间剖面上绕射波与反射波是有明显区别的：

（1）在地层水平的情况下，绕射波同相轴极小点位置指示断点位置；绕射波极小点与反射波相切（图 1 - 1 - 14）；地层倾斜时，切点不在极小点；

（2）剖面线与断层走向斜交时，绕射波变缓；

（3）绕射同相轴对应地下岩性尖灭点、断点和不整合面上突起点，经偏移处理后绕射波收敛于一点，利用绕射波的时距曲线极小点的特征，可准确地确定地下断点、尖灭点和不整合面上突起点的真实位置；

（4）当绕射波能量较强时，在地震记录上可能会严重地掩盖和干扰反射波，可以通过组合、多次覆盖和叠加消除。

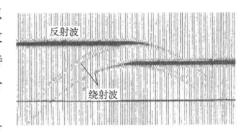

图 1 - 1 - 14　绕射波的理论地震记录剖面

2. 断面波

在时间剖面上断面波是一种常见的反射波，它是由断层面上产生的反射形成的异常波，简称断面波。事实上，并不是所有的断层都产生断面波，只有那些断层落差较大、断层面较光滑、断层面倾角不大的断层才会产生较强的断面波。由于断层两侧岩性不同，断层面是一个明显的波阻抗界面，在时间剖面上断面反射波与地层界面反射波是有区别的；利用断面波可识别断层、确定断层位置和产状要素。断面波的特点主要有：

（1）断面波一般是大倾角反射波。当断层面倾角在 30°～60° 时，就会得到来自断面的反射波。在时间剖面上，断面波同相轴比较陡直，与地层反射波同相轴交叉，或切割反射波同相轴，并产生干涉现象（图 1 - 1 - 15）。当测线垂直断层走向时，断面波倾角最大；斜交时，断面波变得比较平缓。断面波往往随断层面的起伏而发生变化。

（2）断面波能量强弱变化大。由于断层两侧岩性是变化的，断层面的光滑度不同，断面反射系数和波的强度也是变化的。断面波时强时弱，时隐时现，波形变化，甚至发生相位反转的现象。一般情况下，当断层落差大，切割两侧岩性差异大，如在基底与上覆沉积层的分界面，或大套泥岩与灰岩的接触地段，断面波的连续性较好（图 1 - 1 - 16）。此外，由于断层落差小，断层面两侧形成的波阻抗界面段很小，反射系数曲线忽正忽负，正负相间不能形成连续的长反射段。这种微反射段只能产生散射，相互干涉而抵消，断面反射波能量变弱。

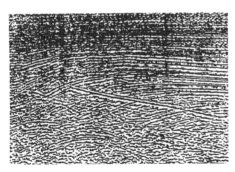

图 1 - 1 - 15　水平叠加剖面上的断面波

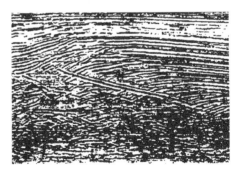

图 1 - 1 - 16　偏移叠加剖面上的断面波

由于断裂作用产生一定厚度和宽度的破碎物质，如断裂破碎岩带，这些物质为水饱和或气侵时，将产生低速断层物质；如果断层裂隙为火成岩脉、方解石或白云岩充填，将产生高速断层物质；对于张性断层，断面有时是很粗糙的，断面反射可能被绕射或凸界面散射弄模糊。由此可见，断层面能量的强弱变化是很大的。当断面波能量很强时对断面下覆反射层具有屏蔽作用，造成下覆反射层能量变弱，信噪比降低。

（3）断面波常与绕射波、凸界面反射波和回转波伴生并相切。

（4）断面波可连续追踪，通过闭合对比可作出断面深度平面图；但断面波追踪范围受断层倾角、断面深度等因素控制，不能随意延伸。当断面倾角变化时，断面波同相轴会折成几段，并相互交叉。在水平叠加剖面上，断面波并不代表地下断层真正位置，应向下倾方向偏移，并与地层反射相交。通常采用绕射图版法确定断层位置（图1－1－17）。断面上的反射点为断棱点，会产生绕射波，它们的包络线就是断面波。实际上断面波均与绕射波相切，这些绕射波顶点或极小点的连线，就是实际断层的位置。由此可作出本工区的绕射图版，作图比例尺与时间剖面相同；将图版沿时间剖面零线（$t=0$）横向移动，分别找出与断面波同相轴相切的绕射波曲线，将它们的极小点连接起来，就是实际断层位置。

3. 凸界面反射波

（1）凸界面反射波占据的范围总比实际界面长，容易造成与两翼较平反射波的干涉。

（2）相同曲率的凸界面，埋藏越深，凸界面反射波占据的范围越大，如图1－1－18所示。

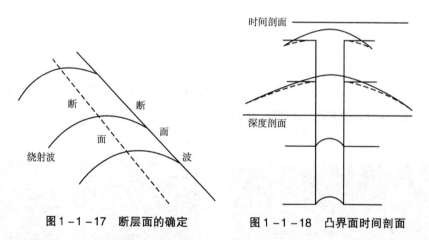

图1－1－17　断层面的确定　　　　图1－1－18　凸界面时间剖面

（3）凸界面反射波同相轴的弯曲程度介于同深度的水平界面反射曲线和点绕射曲线之间，界面越弯曲，越接近绕射曲线，并以绕射曲线为极限。相同曲率的凸界面，埋藏越深，其同相轴弯曲程度越接近相应深度的绕射波曲线。

（4）凸界面反射波能量是分散的。

图1－1－19（a）是背斜构造的水平叠加剖面，图1－1－19（b）是图1－1－19（a）经过偏移处理后的结果。原来在图1－1－19（a）中发散开的同相轴收敛到正确的位置，并且与

两翼较平的反射波的交叉干涉现象也消除了，偏移处理是使凸界面反射波恢复正确形态的有效办法。

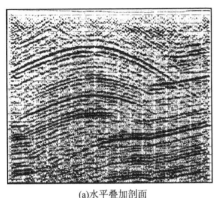
(a)水平叠加剖面

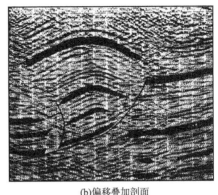
(b)偏移叠加剖面

图 1 – 1 – 19　水平叠加剖面和偏移叠加剖面

4. 凹界面反射波

凹界面情况比较复杂，按其曲率中心位于不同的深度位置，其反射波在水平叠加剖面上的特点，可分为平缓向斜型、聚焦型和回转型三种（图 1 – 1 – 20）类型。地震解释中最有实际意义的是回转型凹界面产生的反射波，通常称为回转波。

1）平缓向斜型

平缓向斜型凹界面的曲率中心位于地面以上，反射波占据的范围比实际凹界面小，缩小程度与凹界面的曲率和底点埋深有关；当界面长度不变、埋藏深度相同时，凹界面的曲率越大，反射范围越小；当界面长度不变、凹界面的曲率相等时，凹界面底点埋藏越深，反射波范围越小 [图 1 – 1 – 20(a)]。

平缓向斜型凹界面的反射波时距曲线比水平反射段正常反射到达时间要早些，能量相对较强且偏向炮点，由于反射波范围缩小，具有一定的能量集中作用。

2）聚焦型

当界面的曲率半径正好等于界面埋藏深度，且激发点位于凹界面圆弧的圆心时，这个界面就是聚焦型凹界面。由几何地震学分析可知，从激发点发出的地震波射线，每一条都垂直入射到圆弧面上，又全部反射回圆心，聚集于激发点上的反射波振幅最强，故称这种反射波为聚焦型凹界面反射波 [图 1 – 1 – 20(b)]。

3）回转型

凹界面的曲率中心位于地面以下（凹界面的曲率半径小于地层埋藏深度），就会形成回转波。由几何地震学分析可知，凹界面两翼的倾斜界面段的反射互相交叉，并且反射点与观测点的关系是"回转的"，形成一个复杂的面貌 [图 1 – 1 – 20(c)]。图 1 – 1 – 21 是一个凹界面地质模型的理论地震记录剖面，具体地说明了上述结论。

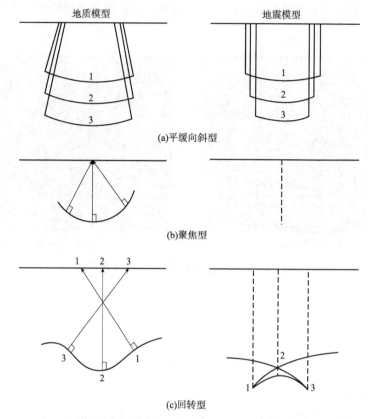

图1-1-20 凹界面模型与地震模型的关系(各图中，左侧为地质模型，右侧为地震模型)

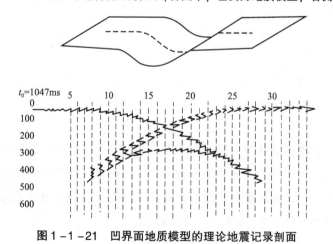

图1-1-21 凹界面地质模型的理论地震记录剖面

四、地震剖面解释中可能出现的假象

一般情况下，时间剖面与地质剖面有着相似的特征，但在稍微复杂的条件下，或者在处理中参数选择不当都能造成在水平叠加时间剖面上的假象，也就是说不能简单地把一般时间剖面视为地质剖面，可能造成假象的因素有：

1. 与速度有关的假象

1）向盆地内变薄的假象

可从层速度的变化规律考虑，如果层速度沿盆地方向增快，则传播时间变短，会造成实际是等厚的地层出现向盆地内变薄的假象（图 1 - 1 - 22）。

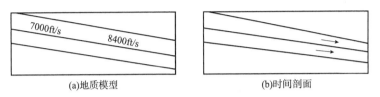

(a)地质模型　　　　　　　　　　(b)时间剖面

图 1 - 1 - 22　地质模型和时间剖面

2）断层引起的挠曲假象

逆断层上升盘比下降盘速度快，故波传播时间下降盘相对延长，且在断面两边是逐渐变化的，这造成了挠曲的假象。

3）高速地质体下部出现"上突"现象造成的隆起假象

如果在地层中存在高速地质体，地震波通过高速体时反射时间缩短，那么在地震剖面上高速体下部地震反射界面会"上突"形成隆起假象。

2. 几何因素造成的假象

由于地震反射界面存在倾角而引起地震波在平面和空间偏移，如弯曲界面常造成时间剖面上的假象，尤其是曲率较大的凹界面更为严重。图 1 - 1 - 21 为产生回转波的凹界面，表面上看好像是有背斜构造存在，经过偏移处理后假背斜消失，并恢复凹界面的真正位置。

3. 处理造成的假象

改变滤波参数，会引起波形变化，造成假断层。此外，叠加速度选取不当也会出现假象，有些同相轴与地质实体无关。

4. 表层变化引起的假象

在表层地震地质条件变化较大的情况下，反射波同相轴受到很大影响，经过动校正后不能实现同相叠加，以致叠加剖面信噪比不高、反射波同相轴连续性变差，且当地形起伏较大时，还会出现假构造，只有经过静校正地震剖面上的反射假象才能消除。由于近地表低速带厚度和速度的变化，在没有低速层和低速层变薄的区域，反射波传播时间相对减小而造成隆起假象（图 1 - 1 - 23）。

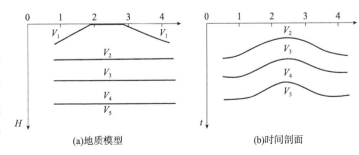

(a)地质模型　　　　　　　　　(b)时间剖面

图 1 - 1 - 23　地质模型和时间剖面

五、地震剖面与地质剖面的对应关系

1. 地震反射界面与地质界面的相应关系

1）一般情况下地震反射界面与地质界面是一致的

地震反射面是波阻抗有差异的物性界面，在实际的地质剖面中，由于沉积间断或岩性的差异可以构成物性界面，地质上的层面、断面、侵入接触面、不整合面、流体分界面及任何不同岩性的分界面均可成为反射界面，所以二者有一致的一面。

2）地震反射界面与地质界面不一致的情况

有些古老的地层，在长期构造运动和地层压力作用下，相邻地层可能有相近的波阻抗，因而地质上的层面，不足以构成反射界面，反之，同一岩性的地层，其中既无层面，又无岩性界面，但由于岩层中所含流体成分不同，而构成物性界面（如水层与气层分界面、含油层与含气层分界面、油层与水层分界面），故地震反射界面有时也并非地质界面。

2. 地震反射形态与地质构造的关系

地震反射形态基本上反映了地下地质构造的形态，但也有差别。一是地震剖面通常是时间剖面，而真正的地层是深度剖面，中间有速度参数，速度不准，会导致地震深度剖面上的反射层与地质剖面上真实的地层不符，甚至会引起构造变形。二是当界面倾斜时，反射波同相轴的形态与地质界面形态并不完全一致，这种现象称为时间剖面的偏移现象。

3. 地震反射与地层和岩性的关系

地震反射虽然产生在地层界面上，但反射特征受上、下地层和岩性的控制。地震反射通过上覆地层时，反射的速度、吸收及频谱成分受地层和岩性的影响，因此，在地震剖面上，可以根据层速度、吸收系数和频谱差异来划分地层和岩性。

从地震反射的特征上，连续的反射大都是沿着地层层面形成的，而同一地层内部的岩性变化，一般不产生连续反射，仅使层面反射的波形发生变化。产生上述现象的原因在于，层与层之间由于时代不同和沉积条件的差异，往往会出现波阻抗的突变，即使有时看来，上、下岩性类似，但实际上两者的物性还是有差别的，因而会产生地震反射，另外，地层内部的岩性变化往往是渐变的，而且很少是大范围的，因而不会产生连续的反射。

不整合面既是时代地层的界面，也包含岩性界面。由于沉积间断，上、下层波阻抗差异明显，所以不整合面上的反射同一般层面反射一样，具有连续的反射特征，但由于不整合面分别接触不同的岩性，所以不整合面上的反射尽管连续，但波形不稳定，振幅变化大，甚至出现极性反转的现象。连续反射来自层面或不整合面这个事实，使地震反射具有了地层学的含义，这就为地震剖面用于地震层序分析和地震相分析创造了良好的条件。

地震剖面上的反射界面不能严格地与某一确定的地质界面相对应，而是一组薄互层在地震剖面上的反映。特别是在陆相盆地中主要为砂泥岩互层结构，垂向和横向变化大，非均一性十分明显，地震反射趋向于以一种微妙的波形变化"追踪"岩性 – 地层界面，随着地震分辨率的提高，地震反射的物性界面特征越来越明显，地震反射同相轴实质上是追踪反射系数而不是追踪砂岩(李庆忠，1993)；在分辨率较低的情况下，这种薄互层的地震反射界面往往是穿时的。

地震反射界面到底代表何种地质意义，这是每一个地震解释人员必须掌握的原则。这个原则就是：地震反射界面基本上是追随地层沉积表面的年代地层界面，而不是没有时间意义的单纯岩性地层界面。

对于这一基本概念可以从理论上解释为：只有沉积表面（包括不整合面）是空间中连续的具有波阻抗差的界面才能构成连续的反射。虽然由于沉积环境、物源的变化，这个界面上的波阻抗差在空间上有所变化，但这些变化只影响反射强度（振幅）和连续性的变化，不会影响它的延续性。反之，单纯的岩性地层界面在客观上是指状交互的、不连续的、不平整的、人为对比画出的界面。客观现实中不存在完整的、连续光滑、单纯的岩性地层界面。

图1-1-24、图1-1-25中的"前积"现象代表着第三系时期的一个三角洲向前推进的过程。由图中可以看出地震反射是追随这些向前推进的前积层面的。作为三角洲沉积，按其沉积分异作用，由上而下粒度逐渐变细，而且按岩性可分为顶积层、前积层和底积层。由图1-1-24的地震反射看，地震反射界面与顶积层、前积层和底积层的分界面是没有关系的。这一点可以说明具有相同测井曲线特征的分层界限，并不代表具有时代意义的沉积层面具有穿时现象。

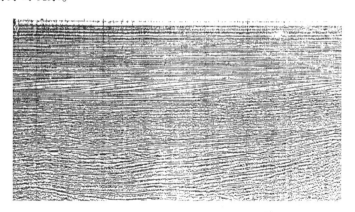

图1-1-24 三角洲沉积在地震剖面上的特征(南海地区某条测线)

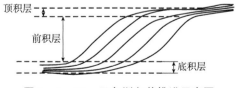

图1-1-25 三角洲向前推进示意图

有如下几种情况可以使地震反射界面不代表等时面：一是不整合面，特别是大的不整合面或沉积间断面，由于不同地段的侵蚀作用或无沉积作用的时间长短和时间跨度的不同，可能出现同一不整合面和沉积间断面在不同地段上具有不同的时间跨度与不同的起止时间，但这并不妨碍它作为上下不同时代地层分界面的地质意义。二是在一些分辨率不高的老地震剖面中，为了突出构造特征，在处理过程中使用混波，相干加强，或者降低频率，造成相邻界面反射的合并加粗，也会出现同一同相轴在不同地段代表不同时间跨度的现象，但从理论上讲对大段地层的等时性不会产生大的影响。三是油气水界面，成岩作用面、火成岩或泥岩、盐岩刺穿造成的界面，它们可以造成真正的穿时界面，它们正是油气勘探中值得重视的现象。

由上述分析可知，地震反射界面与地层界面并不具有一一对应的关系，在确定反射波所代表的地层层位与进行地震相分析和岩性预测时，常常不能直接利用地震反射剖面进行时间 - 地层单元划分，需结合地层、岩性、古生物和沉积旋回等地质信息进行综合分析才能较好地确定地震反射界面所代表的地层界面。

六、几种特殊地质现象的解释

受构造运动的影响，在地质发展过程中形成了一些特殊的地质现象。例如不整合、超覆和退覆、尖灭、逆牵引、古潜山、底辟等，了解它们在地震剖面上的特点对构造解释也很重要。

1. 不整合

不整合是地壳升降运动引起的沉积间断，它与油气聚集有密切关系，例如不整合遮挡圈闭就是一种地层圈闭油气藏，此外查明不整合现象，对研究沉积历史有重要意义。

不整合是一个将新、老地层分开的界面，沿着这个界面，既有地表侵蚀和削蚀（在某些地区也有相应的水下侵蚀），又具有明显的沉积间断的标志。不整合可分为平行不整合与角度不整合两种类型。

1）平行不整合

老地层主要受上升运动影响，呈水平状态出露地面，遭受较长时期的外力作用破坏后，又受下降运动影响再沉降，继续接受新的沉积，因而新老地层产状一致，其间存在侵蚀面，这种现象称为平行不整合。

它在时间剖面上不太容易识别，一般情况下平行不整合面与常规反射界面没有多大区别，但它往往表现为一个较强的反射界面。只有当不整合面受风化、剥蚀较为严重时，在剖面上才有较为明显的反映。表现在两个方面：

（1）波形特征不稳定、同相轴不光滑、连续性差，振幅强但变化大。这是因为不整合面受到强烈风化、剥蚀后造成性质不均匀，有可能存在残积层，且不整合面附近上、下层较疏松，变化大。

（2）有绕射波或回转波不规则出现。因为不整合面不光滑，高低不平，高低突变点处容易出现绕射波，在满足一定条件的低凹地带也会出现回转波。

2）角度不整合（斜交不整合）

当老地层形成后，受水平运动和垂直运动的影响，岩层发生倾斜或褶皱，经过风化剥蚀后再下降，继续接受沉积，新地层便以一定角度与老地层接触即角度不整合。在时间剖面上表现为两组或两组以上视速度有明显差异的反射波同时存在。这些波沿水平方向逐渐靠拢合并，不整合面以下的反射波相对立，依次被不整合面以上的反射波相位代替，以致形成不整合面下的地层尖灭，在尖灭处出现绕射波，不整合面反射波的波形，振幅是不稳定的（图1-1-26）。

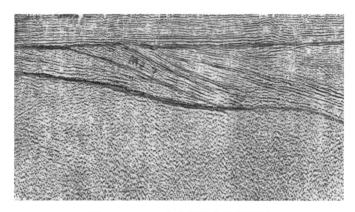

图1-1-26 角度不整合地震剖面

2. 超覆和退覆

发育于盆地边缘的斜坡带，也是不整合的一种表现形式。

1）超覆

超覆上超点在海侵时地层沉积范围不断扩大，海水上升盆地边缘地带的新地层会依次超越覆盖在下面较老地层之上（水域不断扩大时的逐步超覆的沉积现象）。在时间剖面上表现为几组反射波互不平行，逐渐靠拢，在超覆点出现同相轴的分叉合并现象（图1-1-27）。

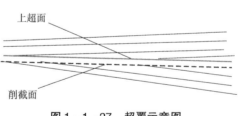

图1-1-27 超覆示意图

2）退覆

当海退时，沉积物分布范围逐渐减小，上覆新地层沉积范围不断向盆地中心退缩，在时间剖面表现为上覆新地层的反射逐步被下面地层的反射取代。

3. 尖灭

尖灭是岩层厚度逐渐变薄以至消失，形成的楔形地质体，主要有岩性尖灭、不整合尖灭、超覆和退覆尖灭、断层尖灭几种类型。尖灭可以形成地层圈闭油气藏，尖灭在时间剖面上表现为上、下两组波的同相轴逐渐靠拢，两波之间的反射相位逐渐减少直到消失最后两波合拢，出现尖灭点。

4. 逆牵引

当地层岩性具有某些特点时，可能产生逆牵引现象，例如：适当比例的塑性地层(泥、页岩)及刚性地层(砂砾岩、灰质岩等)互层，具有弹性；或当砂泥比为1：3时，岩层具有较好的弹性，这些弹性地层受断层影响时最易形成逆牵引，这种逆牵引构造一般发育在古隆起周围Ⅰ、Ⅱ级断层的下降盘。

逆牵引现象识别主要有下列几点：相似性好，无论是在纵向还是在横向测线上，相邻剖面都有反映，且较清楚断层两盘产状不协调，构造高点深浅层有偏移，而且构造高点的连线与断层呈平行状。

5. 古潜山

古潜山是指不整合面以下被新沉积物覆盖的古地形高。它往往由碳酸盐类地层组成，在一定条件下能形成圈闭，形成以古潜山为主体的油气藏，如华北油田。从油田的形成及古潜山的形态看，这种油田的特点是外生内储、新生古储，潜山与大的生油凹陷呈断裂接触。如图1-1-28是一个古潜山构造的地震剖面。古潜山在地震剖面上的标志如下：

(1)由于古潜山顶面是一个不整合面，在地震剖面上表现为反射波能量强。

(2)两翼倾角较陡。

(3)古潜山顶面反射波频率低，视周期大。

(4)表面起伏大、凹凸不平，常出现绕射波、回转波等。

(5)古潜山内幕反射波混乱不清或根本没有。

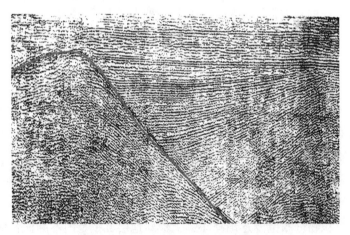

图1-1-28　古潜山构造的地震剖面

6. 底辟

地下可塑性物质在外力作用下上拱，可使上覆地层出现褶皱、断裂，甚至穿刺进入上覆地层，所形成的地质现象称为底辟构造。可塑性物质有盐膏类、泥岩等，相应地形成盐丘和泥丘等，底辟构造与油气聚集有密切关系，它可使上覆地层出现隆起，也可以和围岩之间形成地层圈闭油气藏，底辟构造的地震特征和识别标志如下：

(1)泥岩底辟体内几乎没有物性差异，不能形成波阻抗差，不能产生地震反射，对于盐丘，在盐岩层内可能会有一些其他岩层，如硬石膏、白云岩和黑色页岩等，它们会与盐岩的接触面产生反射，但表现比较杂乱。

（2）地震波进入底辟体内，波速会出现明显的异常，泥丘的波速一般低于围岩，而盐丘的波速比围岩要高得多，这样，会使底辟构造之下的反射波旅行时间发生畸变。

（3）底辟构造使上覆地层拱起而成为背斜或穹隆，底辟体与上覆地层之间的反射反映了底辟体上表面的形态，但底辟体顶部因受到风化或溶解作用，会使反射波不连续或很杂乱。

（4）底辟体的侧翼往往很陡，围岩受牵引作用形成挠曲，产生聚焦型和回转型反射（图1－1－29）。

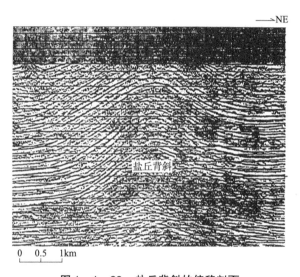

图1－1－29 盐丘背斜的偏移剖面

第二节 地震波速度

地震波的速度是用来描述地震波在介质中传播快慢的参数，是地震勘探中最重要的参数之一。实际应用中因假设条件的不同、应用条件的变化，在地震资料处理和解释的过程中速度的概念与表示方式是有很大差异的。例如，在进行动校正时，要用叠加速度资料；在进行偏移叠加时，要用偏移叠加速度；在时深转换时，要用平均速度资料。尽管速度的表述方式很多，但并不是彼此孤立的，因此熟悉各种有关的速度概念和各种速度资料的求取方法，是十分重要的。

在地震勘探野外实际观测中，我们只知道炮检关系以及反射波场的旅行时，根据公式：

$$H = \frac{1}{2}Vt \qquad\qquad (1-2-1)$$

可知，通过直接观测旅行时 t，是无法确定地层埋深 H 和地震波速度 V 的，那么如何才能准确获取速度资料呢？这是需要解决的问题。

本节主要介绍各种速度的概念和求取速度资料的一些方法。

一、几种速度的概念及其相互关系

1. 几种速度的概念

地震波在地层中的传播速度是一个十分重要的参数，但又很难精确测定它的数值。事实上，即使在同一种岩层中不同位置或沿不同方向，地震波的传播速度都是不同的，速度是一个关于空间坐标的函数 $V = V(x, y, z)$。但是在实际生产工作中，真正精确的速度函数关系是无法得到的，通常要根据问题的复杂程度，建立各种简化介质模型，从而引入相应的速度概念。本节讨论的各种速度概念，就是通过对地下介质的不同简化，定义不同简化模型下速度参数的物理含义和计算公式以及获得速度的途径。

下面分别说明几种目前常用的速度的概念。

1）平均速度 V_{av}

平均速度为一组水平层状介质中某一界面以上介质的平均速度，即地震波垂直穿过该界面以上各层的总厚度与总的传播时间之比。n 层水平层状介质的平均速度可以表示为：

$$V_{av} = \frac{\sum_{i=1}^{n} h_i}{\sum_{i=1}^{n} \frac{h_i}{V_i}} = \frac{\sum_{i=1}^{n} t_i V_i}{\sum_{i=1}^{n} t_i} \qquad (1-2-2)$$

式中，h_i、V_i 分别为每一层的厚度和速度。

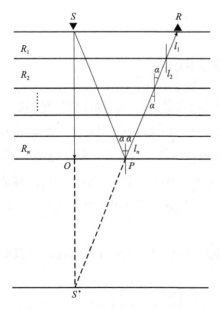

图 1-2-1　水平层状介质的平均速度

这是零偏移距条件下平均速度的定义方式。

实际上我们在地震观测中，都是有一定的偏移距的，如图 1-2-1 所示，在 S 点激发，在 R 点接收，对于平均速度，我们提出这样的假设：波在介质中按最短路程传播，即当地震波从 S 点入射到第 n 层的 P 点时，是沿直线传播的，射线 SP 是直线；O 是相对于 R_n 界面的虚震源，射线 S^*PR 也是一条直线。所以 $SP = S^*P$，波走过的总路程相当于 S^*R。如果我们把平均速度定义为"在水平层状介质中，波沿直线传播所走过的总路程与所需总时间之比"，那么就有：

$$V_{av} = \frac{S^*R}{t_{S^*R}} = \frac{2(l_1 + l_2 + \cdots + l_n)}{2(t_{l_1} + t_{l_2} + \cdots + t_{l_n})}$$

$$(1-2-3)$$

式中，l_1、$l_2 \cdots l_n$ 是波在每层中走过的路程长度；t_{l_1}、$t_{l_2} \cdots t_{l_n}$ 是波在每层中传播的时间，假定射线的入射角为 α，则有：

$$V_{av} = \frac{\dfrac{h_1}{\cos\alpha} + \dfrac{h_2}{\cos\alpha} + \cdots + \dfrac{h_n}{\cos\alpha}}{\left(\dfrac{\dfrac{h_1}{\cos\alpha}}{V}\right) + \left(\dfrac{\dfrac{h_2}{\cos\alpha}}{V}\right) + \cdots + \left(\dfrac{\dfrac{h_n}{\cos\alpha}}{V}\right)} \qquad (1-2-4)$$

式(1-2-4)化简合并后得到：

$$V_{av} = \frac{\displaystyle\sum_{i=1}^{n} h_i}{\displaystyle\sum_{i=1}^{n} \frac{h_i}{V_i}} \qquad (1-2-5)$$

需要说明的是，地震波传播时真正遵循的是费马原理，即"沿最小时间路程传播"，在非均匀介质（如层状介质）中，最小时间路程是折线而不是直线，可见，我们在引入平均速度时所作的"地震波沿最短路程直线传播"的假设就是一种对实际介质结构的近似简化，即实际非均匀介质近似简化成速度大小为 V_{av} 的均匀介质。

2）均方根速度 V_R

根据费马原理我们知道，地震波的传播遵从"沿所需时间最短的路程"这一原理。在均匀介质中，所需时间最短的路程是直线，单层水平界面情况下反射波的时距曲线是一条双曲线，即：

$$t = \frac{1}{V} \sqrt{4h_0^2 + x^2} \qquad (1-2-6)$$

或：

$$t^2 = t_0^2 + \frac{x^2}{V^2} \qquad (1-2-7)$$

式中，h_0 为界面的深度；t_0 为双程垂直反射时间；V 为在介质中地震波的传播速度；x 为接收点与激发点距离；t 为在 x 处接收到反射波的时间。

式(1-2-7)表达了这样一个含义，即如果反射层时距曲线的方程可以写成双曲线的形式，就表示波在介质中按某种速度以常速传播。

如果反射界面上覆盖层是连续介质或水平层状介质，其反射波时距曲线将如何表达？还是不是一条双曲线？如果不是，需要怎样处理？实际上在这种条件下，反射波时距曲线非常复杂，已不是双曲线，具体的做法是引入新的速度概念。均方根速度的引入，就是在一定条件下，把不是双曲线关系的时距曲线方程简化为双曲线关系时引入的速度概念。均方根速度实际推导过程比较复杂，在此略去，对于多层水平层状介质来说，均方根速度的具体表达式如下：

$$V_R^2 = \frac{\sum_{i=1}^{n} t_i V_i^2}{\sum_{i=1}^{n} t_i} \qquad (1-2-8)$$

式中，V_i 为第 i 层介质层间速度，t_i 为波在第 i 层介质中沿垂直界面方向的双程旅行时。

在此引入了均方根速度的概念，多层水平层状介质的时距曲线方程可以用式(1-2-9)表示：

$$t^2 = t_0^2 + \frac{x^2}{V_R^2} \qquad (1-2-9)$$

这是一个标准的双曲线方程。在均方根速度的引入过程中，与平均速度不同之处在于考虑了不均匀介质射线传播的偏折效应，因此适用范围更广泛。

3) 等效速度 V_φ

在倾斜界面的均匀介质中，共中心点时距曲线方程如下：

$$t = \frac{1}{V} \sqrt{4h_0^2 + x^2 \cos^2\varphi} \qquad (1-2-10)$$

式中，V 为在介质中地震波的传播速度；h_0 为共中心点处界面的法线深度；φ 为界面倾角。

式(1-2-10)还可改写为：

$$t^2 = t_0^2 + \frac{x^2}{\left(\dfrac{V^2}{\cos^2\varphi}\right)} \qquad (1-2-11)$$

式中，

$$t_0 = \frac{2h_0}{V} \qquad (1-2-12)$$

如果引入速度 V_φ 且令：

$$V_\varphi = \frac{V}{\cos\varphi} \qquad (1-2-13)$$

则式(1-2-11)可写成与水平均匀介质情况相同的形式，即：

$$t^2 = t_0^2 + \frac{x^2}{V_\varphi^2} \qquad (1-2-14)$$

式中，V_φ 为在倾斜界面均匀介质情况下的等效速度。

引入等效速度概念的意义：倾斜界面情况下的共中心点道集的叠加效果存在两个问题，即反射点分散和动校正不准确。如果用 V_φ 代替 V，倾斜界面共中心点时距曲线就可以变成水平界面形式的共反射点时距曲线，也就是说，用 V_φ 按水平界面动校正公式，对倾斜界面的共中心点道集进行动校正，可以取得很好的叠加效果，没有剩余时差。但从地质效果来说，反射点分散的问题并没有解决，要想解决反射点分散的问题，只能用偏移技术。

4) 叠加速度 V_a

从上面的讨论可以知道，在一般情况下，无论地下介质是水平界面均匀介质还是倾斜界面均匀介质、覆盖层是层状介质还是连续介质等，都可将共中心点反射波时距曲线看作双曲线，用一个共同的式子来表示，即：

$$t^2 = t_0^2 + \frac{x^2}{V_a^2} \tag{1-2-15}$$

式中，V_a 为叠加速度。

叠加速度的主要作用是用于动校叠加，和均方根速度一样，叠加速度也不是一个具有明确物理意义的速度量，而是为了获得最好叠加效果的、具有速度量纲的数学参量，叠加速度与反射界面倾角的余弦成反比。对于不同的介质结构叠加速度有更具体的含义，例如对倾斜界面均匀介质 V_a 就是 V_φ，对水平层状介质 V_a 就是 V_R，等等，如图 $1-2-2$ 所示。

地层构造		方程式	$V_a=f(V_i)$
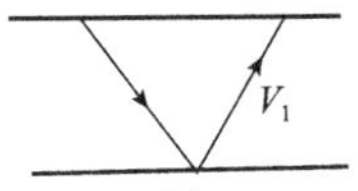	水平单层 (a)		$V_a=V_1$
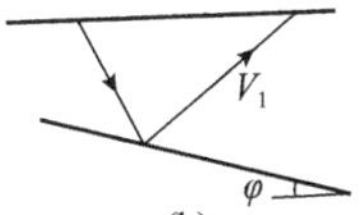	倾斜单层 (b)		$V_a=\dfrac{V_1}{\cos\varphi}$
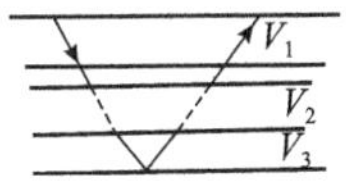	水平多层 (c)	$t^2=t_0^2+\dfrac{x^2}{V_a^2}$	$V_a=V_R$ $V_R^2=\dfrac{\sum\limits_{i=1}^{n}V_i^2\Delta t_i}{\sum\limits_{i=1}^{n}\Delta t_i}$
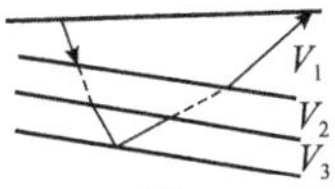	倾斜平行多层 (d)		$V_a=\dfrac{V_R}{\cos\varphi}$
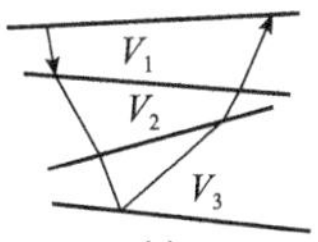	倾斜非平行多层 (e)		用迭代射线追踪算法

图 $1-2-2$　不同介质结构下叠加速度和其他速度的关系

5）射线平均速度

在上面引入的速度概念有一个共同的特点，即把不均匀的介质简化为具有某种"假想速度"的均匀介质，地震波在这种假想均匀介质中沿不同方向的传播速度就都是一样的了。显然这是一种很粗略的近似。

实际上，当地震波在非均匀介质中传播时，沿不同的射线路径有不同的传播速度，在沿射线的每一个点上速度也可能不一样，因此引入射线平均速度的概念，即把地震波沿某一条射线传播所走的总路程除以所需的时间叫作波沿这条射线的射线平均速度。显然，射线平均速度对每条射线都不一样。因此它既是地震波沿射线旅行时的函数（或是接收点的炮检距的函数），也是射线的出射角 a_0（或射线参数 P）的函数。

在水平层状介质情况下，根据这个定义可以写出射线平均速度的公式。

$$V(P,t) = \frac{s}{t} = \frac{\sum\limits_{i=1}^{n} \dfrac{h_i}{\sqrt{1 - P^2 V^2(z)}}}{\sum\limits_{i=1}^{n} \dfrac{h_i}{V_i \sqrt{1 - P^2 V^2}}} \qquad (1-2-16)$$

由于射线平均速度不仅考虑了射线的弯折效应，也考虑了横向速度不均匀性的影响，因此，射线平均速度比上面谈到的平均速度、均方根速度等都更精确地描述了波在介质中传播的情况，可以作为分析各种速度精确度时进行比较的标准。在地震资料处理中求偏移叠加速度时，也会用到射线平均速度的概念。

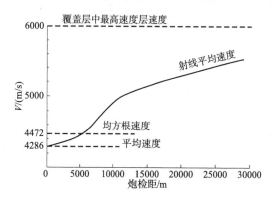

图 1-2-3 平均速度、均方根速度和射线平均速度的比较

2. 不同速度之间的相互关系

上面重点谈了各种速度的概念和引入条件，以下通过对各种速度的相互比较（图 1-2-3），来进一步阐述它们的含义及应用范围，以加深我们对各种速度概念的认识。

1）平均速度和均方根速度的比较

平均速度和均方根速度都是对介质模型作了不同的简化，引入不同的假设后导出的速度概念，为了比较它们之间的差别、精度和适用范围，以射线平均速度为标准（图 1-2-3），分析比较平均速度和均方根速度的特点，可以得出几点认识：

(1)当介质不均匀时，地震波沿不同射线传播的速度是不同的。对同一介质结构，炮检距越大，射线平均速度也越大，并在炮检距逐渐增大时，射线平均速度趋近于剖面中速度最高层的速度。这种情况与费马原理是相符的，因为波传播要沿时间最短的路径。因此必然在高速层中多走一些路程，炮检距越大，这一特点越明显。

(2)平均速度和均方根速度都是把层状介质看作某种假想的均匀介质，因此对某一种介质结构，只有一个平均速度和一个均方根速度，而地震波在同一介质结构中，沿不同射线传播速度是不同的。这说明了用同一速度对道集中各道作动校正，严格来说是不能完全校正准确的。这种误差随炮检距增大而增大。

(3)平均速度、均方根速度、射线平均速度三者之间存在一定的关系，在一定的条件下可以相互转化，射线平均速度比平均速度和均方根速度精度高。在零偏移距附近，平均速度和射线平均速度基本相同，因此平均速度主要用于构造成图中等 t_0 图的时深转换；在离开零偏移距后，平均速度和射线平均速度差距较大，随着偏移距到达某一值附近，均方根速度与射线平均速度逐渐接近，因此均方根速度在一定偏移距范围内更接近叠加速度；但是当偏移距继续增大时，均方根速度的误差也将逐渐增大，当偏移距趋近于无限时射线平均速度基本等于最高速层的速度。通过理论可以证明，平均速度一定小于或等于均方根速度。

2）由叠加速度计算均方根速度

均方根速度是比较精确的速度资料，通过速度谱分析得到的叠加速度进行换算求得。这些换算主要包括的内容如下，其中最重要的是倾角校正。

（1）对水平层状介质（或水平界面覆盖是连续介质），叠加速度就是均方根速度，不再作倾角校正，即当 $\varphi = 0$ 时：

$$V_R = V_a \qquad (1-2-17)$$

（2）当界面倾角为 φ，覆盖层为均匀介质时，求得的叠加速度是等效速度 V_φ，这时要作倾角校正，即：

$$V_R = V_a\cos\varphi \qquad (1-2-18)$$

根据式（1-2-18）利用 V_a 求 V_R 时，还要知道界面倾角 φ。在只有时间剖面的情况下，$\cos\varphi$ 的值可近似用时间剖面上同相轴的参数表示如图 1-2-4 所示，在深度剖面上，有：

$$\sin\varphi = \Delta h/l \qquad (1-2-19)$$

式中，l 为地面上任意两点之间的距离；Δh 为这两点下界面的法线深度之差。

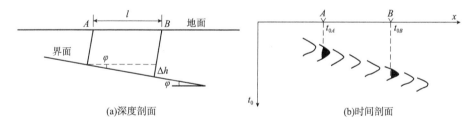

(a)深度剖面　　　　　　　　　　　　(b)时间剖面

图 1-2-4　时间剖面上近似估算界面倾角

而在自激自收时间剖面上，A、B 两点下面的界面法线深度之差可近似表示为：

$$\Delta h = \frac{1}{2}V_R \cdot \Delta t_0 \qquad (1-2-20)$$

式中，V_R 为这两条同相轴对应的均方根速度；Δt_0 为 A、B 两个道上这条同相轴时差，$\Delta t_0 = t_{0B} - t_{0A}$。

3）由均方根速度计算层速度

（1）层速度。

在沉积岩中速度分布规律的特点之一，是其在剖面上呈分层分布。即一个地层剖面从浅到深一般可以分为几个速度层，各层之间在波速上存在较明显差异，这种速度分层同地层的地质年代、岩性上的分层一般是一致的，但也可能不完全一致。并且速度分层没有地质分层那么细，有时地质年代不相同但岩性相同的一些地层可以构成一个速度层。

在地震勘探中把某一速度层的波速叫作这一层的层速度。在地质条件有利的地区，正在研究用层速度来划分岩性、岩相，以提高地震资料的解释精度和解决地质问题的能力。层速度可由均方根速度计算，具体公式在下面讨论。

（2）由均方根速度计算。

层速度是一种对地震资料进行地质解释很有用的资料。利用叠加速度经过倾角校正可得到均方根速度，由均方根速度可以进一步利用下面的公式（Dix 公式）换算出层速度。

设有 n 层水平层状介质，各层层速度为 V_i，层厚为 h_i，那么在各小层中单程垂直传播时间为：

$$t_i = \frac{h_i}{V_i} \quad (i = 1, 2, 3, \cdots, n) \tag{1-2-21}$$

显然，第 1 层至第 n 层的均方根速度 $V_{R,n}$ 为：

$$V_{R,n}^2 = \frac{\sum_{i=1}^{n} V_i^2 t_i}{\sum_{i=1}^{n} t_i} = \frac{2\sum_{i=1}^{n} V_i^2 t_i}{t_{0,n}} \tag{1-2-22}$$

式中，$t_{0,n}$ 为第 1 层到第 n 层的 t_0 时间。第 1 层至第 $(n-1)$ 层的均方根速度 $V_{R,n-1}$ 为：

$$V_{R,n-1}^2 = \frac{\sum_{i=1}^{n} V_1^2 t_i}{\sum_{i=1}^{n} t_i} = \frac{2\sum_{i=1}^{n-1} V_i^2}{t_{0,n-1}} \tag{1-2-23}$$

进一步化简得：

$$t_{0,n} V_{R,n}^2 - t_{0,n-1} V_{R,n-1}^2 = 2V_n^2 \frac{t_{0,n} - t_{0,n-1}}{2}$$

$$V_n^2 = \frac{t_{0,n} V_{R,n}^2 - t_{0,n-1} V_{R,n-1}^2}{t_{0,n} - t_{0,n-1}} \tag{1-2-24}$$

这就是利用均方根速度求层速度的 Dix 公式。已知第 n 层、第 $(n-1)$ 层的均方根速度，以及这两层的 t_0 时间，便可计算第 n 层的层速度。

式（1-2-24）是一个由均方根速度计算层速度的基本公式。具体可根据实际情况及条件采用适宜的方法进行计算。

4）由均方根速度换算平均速度

在水平层状介质情况下，根据已给出的均方根速度换算层速度的公式，很容易得出平均速度与均方根速度的关系：

$$V_{av}(n) = \frac{\sum_{i=1}^{n} \sqrt{[T_0(i)V_R(i)^2 - T_0(i-1)V_R^2(i-1)][T_0(i) - T_0(i-1)]}}{T_0(n)}$$

$$\tag{1-2-25}$$

二、地震波速度的影响因素与分布规律

1. 影响速度的一般因素

地震勘探是以研究地震波在岩层中的传播规律为基础的。岩石的弹性性质(主要表现为地震波的传播速度)不同,地震波在其中传播的特征也不同,地震勘探正是利用这种关系来研究地下地层的地质构造的。

理论研究和大量实际资料证明,地震波在岩层中的传播速度和岩层的性质,如岩石弹性常数、岩性、密度、构造历史和地质年代及埋藏深度、孔隙率和含水性、频率和温度等因素有关。

1) 与岩石弹性常数的关系

地震纵波和横波在介质中传播的速度与介质的弹性常数之间的定量关系可以用以下公式来表达:

$$V_P = \sqrt{\frac{\lambda + 2\mu}{\rho}} = \sqrt{\frac{E(1-\upsilon)}{\rho(1+\upsilon)(1-2\upsilon)}} \qquad (1-2-26)$$

$$V_S = \sqrt{\frac{\mu}{\rho}} = \sqrt{\frac{E}{2\rho(1+\upsilon)}} \qquad (1-2-27)$$

式中,λ、μ 为拉梅系数;ρ 为介质的密度;E 为杨氏模量;υ 为泊松比。都是说明介质的弹性性质的参数。泊松比 υ 的值在大多数情况下约等于 0.25,只有在最为疏松的岩石中约等于 0.5。可见 υ 的变化不大。杨氏模量的大小和岩石的成分、结构有关。随着岩石密度的增加,E 比 ρ 增加的级次高,所以当岩石密度增加时,地震波的速度不是减少反而是增加的。

根据式(1-2-26)和式(1-2-27)可以得到同一介质纵波和横波速度的关系:

$$\frac{V_P}{V_S} = \sqrt{\frac{2(1-\upsilon)}{1-2\upsilon}} \qquad (1-2-28)$$

可见,纵波与横波速度之比取决于泊松比。因为在大多数情况下,泊松比为 0.25 左右,所以纵波与横波的速度比值 V_P/V_S 一般为 1.73。

2) 与岩性的关系

在用地震勘探方法解决石油勘探中的地质问题时,需要细致地研究地震波传播速度与地层岩性的关系,特别是地震波在沉积岩中传播速度的规律,这对实际工作有具体的指导作用。

(1) 岩石成分的影响。

岩性与地震波速度的关系非常密切,由于各种岩石类型成分和结构不同,地震波传播的速度也不同,且同一岩性的速度也在一定范围内变化。一般来说,火成岩的地震波速度比变质岩和沉积岩的高,且变化范围小;变质岩的速度变化范围较大;沉积岩的速度较低,变化范围大。从表 1-2-1 可见,不同类型岩石的地震波速度的变化范围是很大的。

表1-2-1　地震波在各类岩石的速度

岩石类型	速度/(m/s)
沉积岩	1500～6000
花岗岩	4500～6500
玄武岩	4500～8000
变质岩	3500～6500

（2）岩石基质结构的影响。

地震波特性也受岩石的基质结构控制，如颗粒与颗粒间的接触关系、磨圆度、分选性、胶结程度等。颗粒间接触关系差的岩石通常导致低的地震速度和波阻抗，而胶结程度明显地增强了地震波速度特性；大颗粒的砂层比细颗粒砂层具有更高的地震速度；分选性差的砂岩由于降低了孔隙度而具有高的地震速度；圆滑的颗粒导致更好的接触关系，从而具有更好的速度。

3）与密度的关系

岩石的密度是岩石的波速和弹性模量的重要影响因素之一，岩石的波速和岩石的密度有函数关系。通过对大量岩石样品作岩石物性研究，在对大量数据分析整理的基础上，发现地震纵波速度与岩石密度（完全充水饱和体积密度）之间的一些经验公式，Gardner 公式是表示地震波速度随体积密度增加的比较经典的经验关系式。

$$\rho = 0.31 V^{\frac{1}{4}} \qquad (1-2-29)$$

从理论上讲地震波速度不会必然地随体积密度增加而增大，如与白云岩相比硬石膏具有更高的体积密度却有更低的速度。对部分气/水饱和岩石加入更多的水以增加体积密度，也将降低地震波速度，因为加入的水增加了体积密度但不改变体积模量。因此 Gardner 公式也是有一定的适用条件的。

4）与构造历史和地质年代及埋藏深度的关系

速度与构造运动是有一定关系的，在强烈褶皱地区，通常可观测到速度的增大；而在隆起的构造顶部可发现速度减低。一般来说，地震波在岩石中的传播速度随地质过程中的构造作用力的增强而增大。根据在实验室对岩石样品的分析发现，地震波的速度与压力之间有一定的关系，速度随压力的增加而增加。此外压力的方向不同，地震波沿不同方向传播的速度也就不同，而地层中压力的变化是和构造运动相关的。

大量实际观测资料表明，同样深度、成分相似的岩石，当地质年代不同时，波速也不同，地质年代老的岩石比地质年代新的岩石具有更高的速度。在岩石性质和地质年代相同的条件下，地震波的速度随岩石埋藏深度的增加而增大。其原因主要是埋藏深的岩石所受的地层压力大。

在不同地区，特别是在基底埋藏深度不同时，速度随深度变化的垂直梯度可能相差很大。一般来说，在浅处速度梯度较大；深度增加时，梯度减小。

5) 与孔隙率和含水性的关系

地震波在沉积岩中的传播速度与岩石的孔隙率和含水性是密切相关的，在大多数沉积岩中，岩层的实际波速是由岩石基质的速度、孔隙率、充满孔隙的液体的速度及颗粒之间的胶结物的成分等因素决定的。现在最常用的关于液体速度、颗粒速度与孔隙率之间一个很简单的关系式，叫作时间平均方程：

$$\frac{1}{V} = \frac{\Phi}{V_f} + \frac{1 - \Phi}{V_r} \qquad (1-2-30)$$

式中，V 为波在岩石中的实际速度；V_f 为波在孔隙流体中的速度；V_r 为波在岩石基质中的速度；Φ 为岩石的孔隙率。

这个公式的适用条件是岩层孔隙中只有油、气或水一种流体，并且流体压力与岩石压力相等。从公式中很容易看出，当孔隙率为零时，速度 V 等于 V_r；当孔隙率为 100% 时，V 等于 V_f。

由于地震波在油、气、水等流体中的传播速度比在岩石基质中的速度小，岩石孔隙中含有流体时岩石的速度会降低。

6) 与频率和温度的关系

试验资料表明在很宽的频率范围内，纵波和横波的速度与频率无关，而这个频率范围正好和地震波的频带范围相当，因此在地震勘探中，通常认为纵波和横波不存在频散现象。地震波速度随温度变化很小，每升高 100℃，减少 5% ~ 6%，如图 1-2-5 所示。

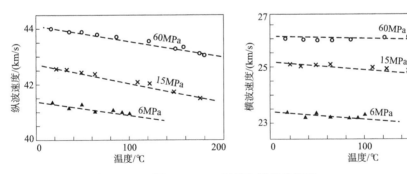

图 1-2-5 波速与温度的关系

2. 沉积岩中速度的一般分布规律

1) 速度分布与沉积顺序及岩性的关系

在沉积岩中速度的空间分布规律取决于地层的沉积顺序及岩性特点。沉积岩的基本特点之一是成层分布。根据形成沉积的各种条件(如岩性、孔隙率等)，可以将整个地质剖面划分为许多地层，在各层中波传播的速度是不同的。因此，速度在剖面上的成层分布就成为沉积岩的基本特点，而这一特点恰恰是使用地震勘探的重要前提。

2) 速度分布与地层埋深及地质年代的关系

速度与深度和地质年代有关，这个关系基本上呈平滑变化。所有影响因素的共同作用使速度变化具有方向性，其方向接近于垂线方向。速度随着深度(或反射波 t_0 时间)的增加而增大。速度垂直梯度的存在也是速度剖面的又一重要特点。还需指出，速度梯度是随深度的增加而减小的。

3）速度分布与沉积岩相变化的关系

由于工区地质构造与沉积岩相的变化，会引起速度的水平方向变化。一般来说，速度的水平梯度不会很大，但要细致地处理和解释资料，考虑速度的水平梯度还是必要的，这个问题正在引起人们的注意。构造破坏(如断层)可以引起速度的突变。个别地层中的不整合及地层尖灭都会对速度的水平梯度有显著的影响。

三、地震波速度的来源

速度参数在地震资料的数据处理和解释中是非常重要的，例如动校叠加和偏移都需要知道速度。另外，速度参数可提供同构造和岩石性质相关的有价值的信息，例如构造勘探要了解地下反射界面的分布，实质上是波阻抗参数的地下分布，岩性勘探要得到地下岩性的分布，与各种岩性参数（如速度、吸收系数、泊松比等）的提取有关。由于地下介质的复杂性，速度参数提取是一个十分复杂而艰巨的任务，通常只能用一些简化的方法和近似的假设条件来求取，不同的速度参数提取方法，可得到不同定义的速度参数。

1. 叠加速度来源

前面介绍了叠加速度的概念，本节简单介绍求取叠加速度的基本原理。设共反射点道集内有 N 个记录道，其炮检距分别为 X_1，X_2，$\cdots$，X_N，各个记录道对应的正常时差分别为 Δt_1，Δt_2，$\cdots$，Δt_N，炮检距为 X_i 的第 i 个记录道的正常时差为：

$$\Delta t_i = \sqrt{t_0^2 + \frac{X_i^2}{V_s^2}} - t_0 \qquad (1-2-31)$$

由式(1-2-31)可知，对于给定的炮检距，正常时差 Δt_i 是垂直反射时间 t_0 和叠加速度 V_S 的函数，因而从反射波正常时差 Δt_i 的分析中可以提供叠加速度的信息，这就是速度分析的基础。具体做法是根据动校正原理，选取一系列试验速度后分别代入式(1-2-31)求取正常时差 Δt_i，并对反射点时距曲线进行动校正，看其校正以后双曲线形状的同相轴是否变成 $t = t_0$ 的水平同相轴，如果变成水平同相轴，则所采用的速度就是最佳叠加速度(图1-2-6)。显然，动校正的正确与否和速度的选择有很大关系：如果速度值选得正确，动校正后的共反射点时距曲线就是水平直线；如果速度值选得不合适，动校正后的共反射点时距曲线就不是水平直线。所谓速度分析就是根据这个原理，选用一系列不同的速度值对共反射点时距曲线进行动校正，看选用哪个速度值时正好能把共反射点时距曲线校正为水平直线，则这个速度就是合适的叠加速度，目前速度分析采用的技术主要有速度谱拾取和常速扫描两种。有了叠加速度，可以通过相应的关系式换算出均方根速度和层速度等。

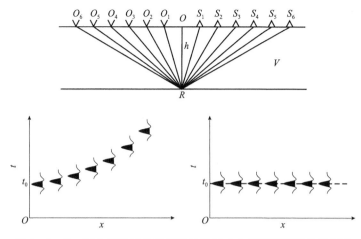

图1-2-6 双曲线形状的同相轴被校正成水平直线形状的同相轴

1）速度谱分析的原理和方法

速度谱的概念是从频谱的概念借用而来的，频谱表示波的能量相对频率的变化规律，人们将地震波的能量相对速度的变化称为速度谱。衡量同相轴是否被拉平，可以选择不同的判别准则，如果以共反射点波组叠加波形的能量来判别，则当选用速度合适时，同相轴被拉平，形成同相位叠加，叠加波形的能量为最大。用这种方法计算的叫作"叠加速度谱"。另一种方法是计算共反射点道集的多道相关函数，用相关函数值的相对大小来判断是否同相。如果校成直线了，则各道的波形同相性较好，相应地，相关系数就大，用这种方法计算出来的叫作"相关速度谱"。

以叠加速度谱为例，为了求取地震波的叠加速度，可以根据地区的地质情况和有关资料，估计在某一t_0时的速度变化范围为V_1，V_2，$\cdots$，V_M，将每一速度代入式（1-2-31）计算每道的正常时差Δt_i作动校正，然后把动校正后的各道记录振幅按式（1-2-32）叠加，得相应的平均振幅：

$$\overline{A}(V_k) = \frac{1}{N} \sum_{j=0}^{M} \left| \sum_{i=1}^{N} f_{i,j+r_i} \right| \qquad (1-2-32)$$

式中，N为共深度点道集内的道数，$f_{i,j+r_i}$为第i道中第$j+r_i$个样值。当试验速度V_k与地震反射波的叠加速度一致时，平均振幅$\overline{A}(V_k)$最大，此时各道是同相位叠加。当试验速度大于或小于界面反射波速度时，由于各记录道上反射波不能同相叠加，平均振幅较小。根据这个原理，就可以取最大平均振幅对应的速度为该t_0处反射波的叠加速度。

由式（1-2-32）可知，平均振幅$\overline{A}(V_k)$随速度而变化，每给定一个试验速度，可得到一个叠加振幅值，一系列速度就对应着一条叠加振幅随速度变化的曲线。该曲线称为速度谱线，如图1-2-7（c）所示。只要在速度谱线上找出最大值，即可确定该t_0时刻的速度。如果改变t_0值，重复上述求叠加速度的步骤，就可以把整张记录上所有实际存在的同相轴所对应速度全部找出来，从而确定速度随t_0时间的变化规律［图1-2-7（d）］。

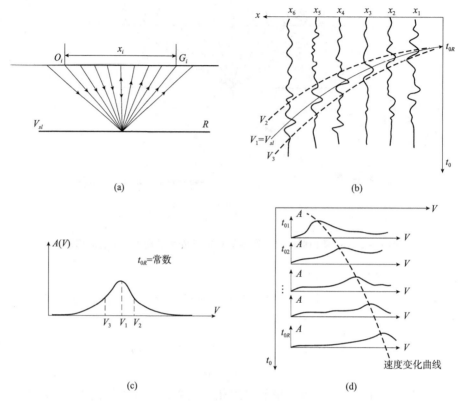

图1-2-7　多次覆盖资料计算速度谱原理

在实际资料处理中，考虑到实际地震记录的有限频带特点和对叠加速度 V 的取值都是按一定的间隔步长进行的，它们可以是等间隔分布，也可以是非等间隔分布，在叠加速度谱上，能量团显示是 $t_0 - V$ 平面网格点上叠加振幅数据的平面插值平滑结果，如图1-2-8所

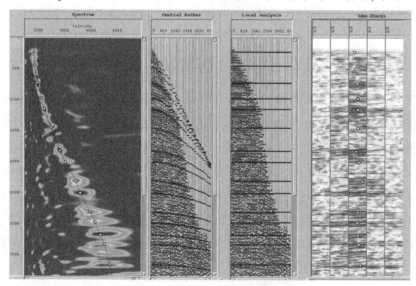

图1-2-8　叠加速度谱分析图

示。并且，为了使得叠加振幅的变化更加突出，在叠加速度谱上常用归一化了的叠加振幅绝对值来代替振幅平均绝对值。对低信噪比或低覆盖次数资料，一般将若干个相邻 CMP 道集组合在一起，形成一个具有更高覆盖次数的 CMP 大道集（或超道集），以此提高速度谱的信噪比。大道集可使速度分析分辨率下降，应视资料实际情况选用。

速度谱一般相隔数百米计算一个，控制点间的速度场通过插值获得。在复杂地下地质情况下，应考虑适当加密速度谱点。速度谱方法拾取的速度误差一般小于 5%，信噪比低时误差会加大。对于大炮检距道，求取的叠加速度往往偏大，大于由小炮检距资料提取的叠加速度。

2）速度扫描技术

速度扫描技术是一项复杂条件下的速度精细分析技术。在地下构造比较复杂或资料信噪比较低的情况下，有时通过叠加速度谱技术难以求准叠加速度，则可以通过速度扫描的方法来提高速度分析的精度。

速度扫描是速度分析最简单、最直观的方法。方法之一是用一组试验速度分别对单张记录（CDP）道集记录或单次覆盖共炮点记录作速度扫描动校正，即一次用一个试验速度对整张记录上的所有波组进行动校正（恒速动校正），得到一张校正后记录。当所用的某一试验速度正好与某 t_0 时间所对应的真实速度一致时，此 t_0 时刻的同相轴会变得平直，其他同相轴或者上弯或者下弯。寻找各试验速度校正记录上的平直同相轴，可以得到不同 t_0 时间处反射波的速度。由速度扫描技术获得的速度是叠加效果较好的速度，它适用于地质条件复杂、得不到好速度谱的地区，但处理费时长、成本高。如图 1-2-9 是速度扫描示意图，从图中可以看出，当给定的试验速度对某一波组合适时，反射波同相轴变成平直；当给定的试验速度过低时，经校正后的反射波同相轴向上弯曲，即校正过量；当试验速度过高时，校正后的反射波同相轴向下弯曲，即校正不足。

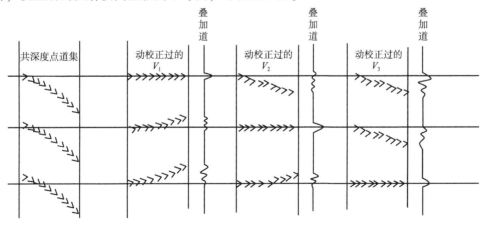

图 1-2-9　速度扫描示意图

由于通过速度扫描或速度谱求出的速度反映了叠加效果的好坏，一般称为叠加速度 V_S。实质上它表示用双曲线拟合有效波时距曲线，拟合效果最好的速度，故也称双曲线拟合速度。

2. 利用地震测井获取平均速度

地震测井是将测井检波器用电缆放入深井中(图 1 - 2 - 10)，检波器隔一定距离向上提升一次，在井口附近爆炸激发一次地震波。测井检波器记录从井口到检波器深度处直达波的传播时间 t，检波器的深度 H 可由电缆长度测得。这样就可以求得该深度 H 以上各地层的平均速度。计算速度时应从炮井井底 O' 算起，即：

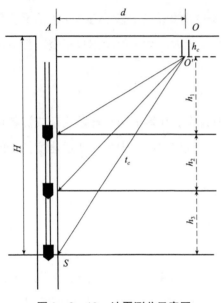

图 1 - 2 - 10　地震测井示意图

$$O'S = \sqrt{d^2 + (H - h_c)^2} \qquad (1 - 2 - 33)$$

如果在均匀介质中沿 $O'S$ 方向传播的时间为 t_c，则波沿 $AS = H$ 传播的时间 t 可用式(1 - 2 - 34)求出：

$$t = \frac{H}{\sqrt{d^2 + (H - h_c)^2}} \qquad (1 - 2 - 34)$$

利用近炮点资料，可求得时间 t，然后根据式(1 - 2 - 35)计算平均速度：

$$V_{av} = \frac{H}{t} \qquad (1 - 2 - 35)$$

同时可以利用远炮点资料计算波沿 $O'S$ 方向传播的速度，即射线平均速度 V_S：

$$V_S = \frac{O'S}{t_c} = \frac{\sqrt{(H - h_c)^2 + d^2}}{t_c} \qquad (1 - 2 - 36)$$

射线平均速度一般大于平均速度，尤其在浅层更为显著，深层逐渐靠近平均速度。从这方面考虑，设计炮点时应该尽可能使 d 小一些。但是，d 太小可能出现电缆波或套管波的干扰，对深井也不安全，因此 d 不能选得过小。在地震勘探数据采集阶段进行低降速带测定时，通常把这种观测方式叫地震测井，在对探井全井段进行测量时，我们称为零偏VSP(Zero - offset Vertical Seismic Profile)测井。

通过对地震测井资料的整理，可得出以下结论：

(1)利用式(1 - 2 - 34)和式(1 - 2 - 35)计算出 t 和 V_{av}，然后把 t 换算为 $t_0(t_0 = 2t)$，再把数据画在 $V_{av} - t_0$ 坐标系中，就得到平均速度随 t_0 变化的曲线。

(2)把 $H - t_0$ 的对应数据标在 $H - t_0$ 坐标系中，得到地震波沿垂直向下方向传播的距离与传播时间之间的关系，即时深关系曲线，时深关系曲线拐点代表分层界面，可较好地区分低降速带界面，从图 1 - 2 - 11 可见，由于横波速度较慢，其分层性更好。如果对探井进行测量，可获得所测井段的时深关系曲线，主要用于层位标定、时深转换等。

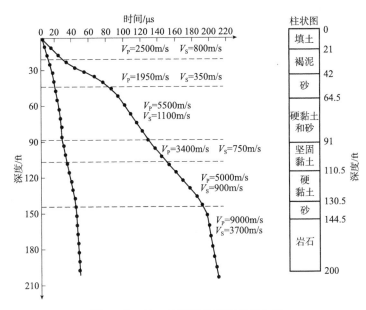

图 1-2-11　地震测井时深关系曲线

（3）当地层剖面的速度分层明显时，在垂直时距曲线上将表现为由许多斜率不同的折线段所组成，每一段折线均反映了一种层速度的地层。折线段斜率的倒数就是这一地层的层速度 V_n，即 $V_n = \dfrac{\Delta H}{\Delta t}$。利用这一关系求出各层的层速度后，可作出 $V_n - H$ 曲线，反映层速度随深度变化的情况。

用地震测井求取的平均速度和层速度是比较可靠的速度资料，有条件时要多进行地震测井。

3. 利用声波测井获取平均速度

声波测井是一种地球物理测井方法，现已被广泛应用于石油勘探，成为求取速度参数的一个重要手段。它是利用沿井壁滑行的初至折射波时差来求取速度参数的，具有简单方便又能连续观测的特点。

目前常用的声波测井仪的原理示意如图 1-2-12 所示，主要由电子线路和声系两部分构成。包括一个超声波发生器和两个声波接收器，两个接收器之间的距离可以是 1m 或 0.5m。测量时，井下仪器由井底连续向上提，超声波发生器 T 发射的 20 千周脉冲波。经过泥浆，以临界角 $\theta_c = \arcsin^{-1} \dfrac{V_n}{V_k}$（$V_n$ 为波在泥浆中的速度，V_k 为波在地层

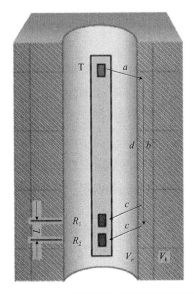

图 1-2-12　声波测井仪的原理示意图

中的速度)入射到井壁上，产生一个沿井壁方向前进的滑行波，该波的一部分能量又经过泥浆，以临界角折射到接收器 R_1 和 R_2，形成时差 Δt_k，时差的大小取决于 R_1 和 R_2 之间的地层速度 V_k。因为 R_1 和 R_2 之间的距离是固定的，时差大表示声波在地层中的传播速度小；时差小表示传播速度大，通过井上仪器的记录可得到一条声速时差曲线，单位是 $\mu s/m$。一般直接记录的时差是声波传播 0.5m 所用的时间，但为了使用方便，地面记录仪器调节时，换算成传播 1m 所用的时间 τ_k，其倒数就是相应地层的层速度，即 $V_k = \dfrac{1}{\tau_k}$。这就是利用声波测井求取层速度的基本原理和过程。顺便指出，速度的倒数也称"慢度"，用 S 表示。在讨论某些问题时引入慢度概念会比较方便。

在本节最后，我们把地震测井与声波测井作比较，总结其特点。地震测井和声波测井都是求取平均速度和层速度的有效方法，这是共同的。但也有差别，主要表现在以下两点：

(1)取得速度资料的方法不同。从理论上讲，利用声波测井求出的层速度应代表地层的真实速度，但由于地震勘探具体工作方法的固有特点，地震测井更接近于地震勘探的实际情况。

(2)所得资料不同。地震测井时，如无其他干扰等因素影响，则其所求的平均速度值的绝对误差较小。因时间值皆可直接读得，所以精度高。但因为是逐点测量，点距又不能很小，所以划分层速度粗糙。在声波测井中，时间 t_H 是用积分方法累计求出的，误差随深度增加，所求平均速度绝对误差增大，精度略低。但它是连续测量的，接收距又小，能细致划分层速度、反映地层岩性特点，因此对地质解释意义较大。

第三节　地震勘探的分辨能力

从地震数据中能提取多少地质细节，归根结底受地震分辨率的限制。分辨率是指识别出多于一个地震反射的能力，可分为垂直分辨率和水平分辨率。垂直分辨率指在纵向上能分辨岩层的最小厚度，水平分辨率指在横向上确定地质体(如断点、尖灭点)位置和边界的精确程度。

为了更细致地研究地下地质情况，要求地震勘探的分辨能力越高越好。我们弄清楚影响分辨能力的各种因素，就有可能通过各种办法提高分辨能力。

一、垂直分辨率

从时间上考虑，设地震子波延续时间为 Δt，垂直通过地层的双程时间为 $\Delta \tau$，可以用比较 Δt 和 $\Delta \tau$ 的办法来表示垂直分辨能力。此时地面接收的反射波出现两种情况：

(1)当岩层较厚地震子波的延续时小于穿越岩层的往返时，即 $\Delta \tau > \Delta t$ 时，同一点接收

到来自界面 R_1 和 R_2 的两个反射波是分开的，形成两个保留各自波形特征的单波(图 1 - 3 - 1)。这种情况，一般较少。

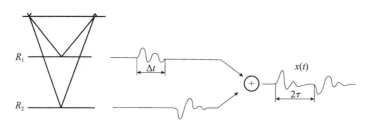

图 1 - 3 - 1　地层厚度大于地震子波延续时间的波形

(2)当岩层较薄地震子波的延续时大于穿越岩层的往返时，即 $\Delta\tau < \Delta t$ 时，来自相距很近的各反射界面的地震子波传播到地面一个接收点时将不能分开。在接收点 S 上收到的是来自 R_1，R_2，$\cdots$，R_n 各界面的地震子波相互叠加的反射波，形成复波(图 1 - 3 - 2)。在这种情况下，已经不可能分出哪个是 R_1 的波形，哪个是 R_2、R_3 的波形。这就说明在地震记录上看到的是一个反射波组(反射波同相轴)，并不简单地等于一个反射波。

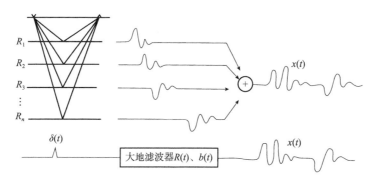

图 1 - 3 - 2　地层厚度小于地震子波延续时间的波形

从上述分析可知，地震记录上的反射波，在大多数情况下并不是单一界面产生的单波，而是几十米间隔内许多反射波叠加的结果。如果用地震波的波长 λ 与地层厚度 Δh 来确定垂直分辨率，当地震子波的延续时间 Δt 为 n 个周期时则有：

$$\Delta\tau > \Delta t \text{ 或 } 2\Delta h/v > n\lambda/v$$

则：
$$2\Delta h > n\lambda(n = 1, \Delta h = \lambda/2) \tag{1 - 3 - 1}$$

由此可知，分辨地层的厚度与地震脉冲的周期有关。当地震子波的延续时间为一个周期时($n = 1$)，可分辨的地层厚度为半个波长($\Delta h = \lambda/2$)。

Widess(1973)设计了一个楔形地层的模型，用来研究反射波随地层厚度的变化情况(图 1 - 3 - 3)。由图 1 - 3 - 3 可知，当地层厚度大于 $\lambda/2$ 时，顶、底界面是可识别的，即可根据两组反射的时差确定地层厚度；当地层厚度趋近于 $\lambda/4$ 时，顶、底界面反射波相长干涉，出现调谐现象，振幅变得最强；当地层厚度向 $\lambda/8$ 趋近时振幅减小，波形变化很弱。

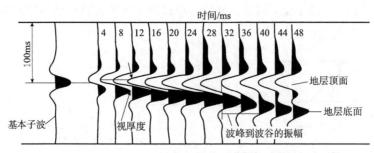

图1-3-3 楔形地层的地震响应

由此可知，当地层减薄至 $\lambda/4$ 时，已不能用时差来确定地层厚度，只能利用振幅的信息确定地层厚度。由于用振幅信息来确定地层厚度也有限制，因此一般认为垂直分辨率在 $\lambda/8 \sim \lambda/4$。例如浅层的砂泥岩地层，速度为 1800m/s，频率为 60Hz，则可分辨地层厚度为 $3.7 \sim 7.5$m。如果是深反射层，速度增大到 4500m/s，主频率降至 15Hz，则可分辨地层厚度为 $35 \sim 75$m。

二、水平分辨率

水平分辨率也叫横向分辨率，是指利用地震资料，在横向上能分辨地质体的最小宽度或范围。按物理地震学的观点，地面观测到的地震反射不是地下界面某特定点的响应，而是反射点周围一个面积上多点源响应的总和。在三维空间，波前是一个面，随时间向前推移，当遇到反射界面时就会产生反射。当初至波的波前越过反射界面时，在初至波波前 $\lambda/4$ 处相应相位的波前和反射面相切，人们把这时的初至波前切割反射界面的宽度叫作第一菲涅耳带(Fresnel)（图1-3-4）。

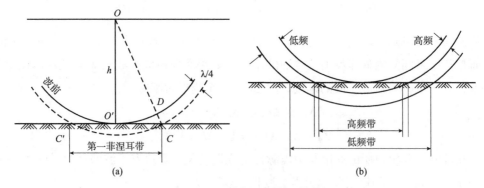

图1-3-4 菲涅耳带示意图

如图1-3-4(a)所示，设在界面 O 点自激自收，波在界面 O' 点产生的反射最早到达地面 O 点，在界面 O' 点两侧所有点产生的反射到达 O 点时间应分别晚于 O'。一般认为，双程时间小于半个周期的界面上的点（如 C 点和 C' 点）产生的反射，在 O 点上是相互加强的。双程时间大于半个周期的界面上的点产生的反射对 O 点贡献不大。于是以 O 点为圆心, OC 为半径画圆, 圆内包括的界面段 CC' 叫作相对于 O 点形成波源的菲涅耳带。菲涅耳带的范围: $O'C = \sqrt{OC^2 - OO'^2}$。因为 $OC = OD + DC$, $OO' = OD = h$, $DC = \dfrac{v}{2}\dfrac{T}{2} = \dfrac{\lambda}{4}$,

则 $O'C = \sqrt{\left(h + \dfrac{\lambda}{4}\right)^2 - h^2} = \sqrt{\dfrac{\lambda h}{2} + \dfrac{\lambda^2}{16}}$。如果 $h \geqslant \lambda$, 略去 $\dfrac{\lambda^2}{16}$ 项, 则可得到:

$$O'C = \sqrt{\dfrac{\lambda h}{2}} \qquad\qquad (1-3-2)$$

由此可见, 菲涅耳带的范围随着深度的增加和频率的降低而增大[图 1-3-4(b)]。

为了说明菲涅耳带的效应, 图 1-3-5 上部表示按菲涅耳带用垂线划分大小不同的四个反射段和砂体模型宽度, 下部表示大小不同砂岩体模型的地震响应。四个反射段的最大振幅分别为100%、87%、55% 和 40%, 对大于菲涅耳带的反射段, 显示的反射图形与反射段的形态一致, 对小于菲涅耳带的反射段, 地震反射特征发生变化, 呈现点绕射型响应、振幅随岩层横向宽度的减小而降低。

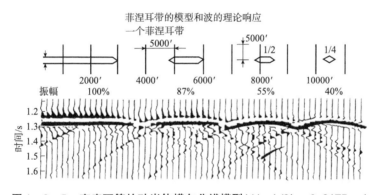

图 1-3-5 宽度不等的砂岩体横向分辨模型 (1' = 1/8in = 0.3175cm)

因此, 地下一个地质点反映在观测面上不是一个点, 而是一个带。在实际工作中, 在断点及岩性变化的棱点上, 反射波不会突然消失, 常出现"层断而波不断"的现象。同样可以看到, 地面一个观测点上的反射来自界面单元的菲涅耳带。因此, 由于横向分辨率的限制, 根据记录确定地下的断点和尖灭点的平面位置, 必然存在合理的误差。对于中等深度的地层, 例如 $t_0 = 1.5\text{s}$、$f = 40\text{Hz}$、$v = 2500\text{m/s}$, 按图 1-3-6 可以查得菲涅耳带的范围为 250m。

最后需要指出, 无论是垂直分辨率还是水平分辨率都与子波的频率成分、频带宽度和相位特征等因素有关。子波的波长越短, 分辨率越高, 子波的频带宽度与子波的延续度成反比, 频带越宽, 分辨率越高。在频谱相同的情况下, 零相位子波具有较高的分辨率, 这是因为零相位子波频带较宽, 振动延续时间最短。

此外, 水平分辨率还与偏移成像的精度有关, 从理论上而言, 偏移可以把菲涅耳带收敛成一个点, 但由于观测点密度的限制、噪声及介质的不均匀性, 实际上是做不到的。因此, 在条件允许的情况下提高偏移成像的精度可最大限度地提高地震水平分辨率。

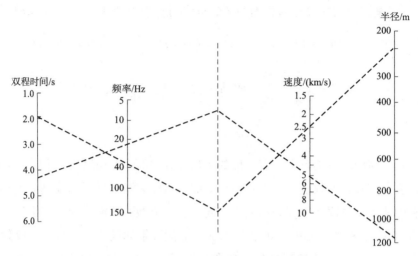

图 1 - 3 - 6　确定菲涅耳带大小的诺谟图

由上述分析可知，影响 $\Delta\tau$ 的主要因素是地层波速和地层厚度，但在同一岩层中横波速度比纵波速度小。因此利用横波勘探可提高垂直分辨率。此外，深层速度大，频率明显降低，同样厚度的地层在浅层可以分辨，深层可能不能分辨。

第四节　三维地震资料特点

三维地震勘探资料解释的工作流程与二维地震资料解释基本相同。三维地震勘探技术与二维地震勘探技术相比具有许多优越性。一般来说，三维地震资料的精度高于二维地震资料，其勘探目标和需要解决的地质目的也高于二维地震勘探；因此，充分而有效地利用三维地震勘探提供的丰富地震资料，开展对有利地区复杂构造、精细构造的解释，以及储层预测与油气识别等是三维地震解释的工作重点。

一、三维地震数据体的特点

三维地震勘探野外采集时使用了与二维地震不同的观测系统，因此采集的数据经过三维常规处理后得到的成果资料已不是孤立的二维水平叠加时间剖面和叠偏剖面，而是一个三维空间的数据体。三维地震信息数据体具有二维地震资料所不具备的重要特点。

（1）三维数据体是按三维空间成像处理的，能得到较正确的归位，可以真实地确定反射界面的空间位置、更接近地质剖面、更直接地与钻井资料对比解释。三维地震勘探能提供比二维地震勘探方法更丰富的地质体信息。三维地震资料解释可以任意从 x、y、$T(z)$ 方向观测地质界面的形态，切割纵、横剖面和水平切片来研究地质体在三维空间的变化（图 1 - 4 - 1）。

（2）三维地震勘探提高了剖面的分辨率和信噪比。三维数据采集不存在二维数据采集时来自侧向的侧面反射波，三维成像处理也不存在二维成像处理时无法消除的、由侧面波引起的地质假象。它可以在三维空间进行偏移，把属于某铅垂面内的反射资料收拢回来，而把不属于此范围的反射资料排除掉，使地下反射信息得到正确的归位，绕射波收敛，从而大大地提高了剖面的准确性、连续性和信噪比。

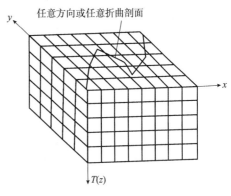

图 1 - 4 - 1　三维数据体剖面显示图

（3）三维数据体显示灵活，可提供丰富的解释资料，对于拓宽解释人员视野以及建立地下构造的立体观念有很大的帮助。三维数据体可实现的剖面有纵、横和任意方向铅垂剖面、水平切片剖面；从三维数据体中还可以提取和加工处理速度、振幅、频率、相位等信息资料，并显示相应的彩色剖面和平面图。

总之，三维数据体提供了丰富的地震信息和高质量地震剖面，有助于提高对地下地质现象的认识和解释精度。

二、数据体显示方式

三维地震的数据经过偏移后，已基本与地质体等价了。可将三维数据体存入计算机内建立数据库，因为有许多显示可供解释人员选择，如图 1 - 4 - 2 所示。

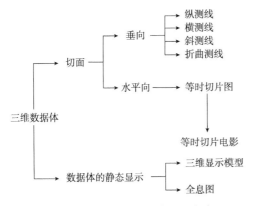

图 1 - 4 - 2　三维数据体显示方案

三维数据体可被垂直地或水平地切割出各种二维剖面来。

1. 任意方向的垂直剖面

这类剖面根据切割方向的不同又分为多种类型，当定义与 x 轴平行的垂直剖面为纵线剖面时，则与 x 方向正交的 y 方向垂直剖面为横线剖面。介于 x 和 y 方向之间的任意方位直线的垂直剖面也可显示，此外，还有连井的折线

形垂直剖面。形式上，这些剖面与二维常规多次叠加剖面相同，但它们是取自经过三维偏移的数据体，没有绕射波、侧面波等干扰，信噪比、可信度分辨率都很高；又通过密集地提取一系列垂直剖面准确地了解断层的空间分布。总之，由于三维数据体显示的灵活性使人们能够以最有利的角度去观察地下地质情况，有利于提高解释和成图的精度（图 1 - 4 - 3）。

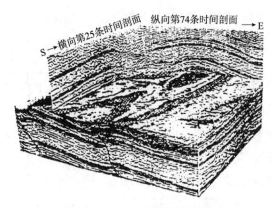

图 1 - 4 - 3 三维数据体的现实

2. 水平切片

目前，对三维数据体作水平切片显示的内容也有多种类型，包括水平切片、层位切片等，其中以水平切片应用最广。

所谓水平切片也叫等时切片，就是以某个固定的时间值切割三维数据体所得到的平面图形。这种等时切片与等时线或等高线图存在着简单的对应关系，它们都是地层的平面图像，不同的是等时线图上绘的是同一地震界面不同时间的等值线，而等时切片是不同地震界面在同一时刻的横截面。图上每一个能量带就是同一时刻出现的各同相轴的水平范围。

等时切片给出某一时刻即某个深度处地下构造的俯视图。如果把等时切片与 x、y 两个方向的垂直剖面结合起来，那么，解释人员能在 3 个正交面上分析任意一个深度处地下结构的特点。如果以一定时间间隔连续提取等时切片，就能连续追踪目的层，发现小断层或小构造。另外，还可以把一张张连续提取的等时切片制成电影或电视录像，把它们放映出来，在人们面前提供地下构造形态的动态显示，使解释人员对构造建立起形象的概念。根据显示的一张张连续提取的等时切片，可以绘出某个同相轴的等 t_0 线图来，也就是同一个同相轴在各等时切片上的轮廓线；这种等 t_0 线图的绘制非常快速，一般半小时至一小时即可绘出一张。

三、三维地震资料的解释与应用

资料解释是一个由原始资料转变为地质成果的研究过程，是经验、地质规律、多种技巧和知识的全面体现。下面介绍常规三维构造解释流程和方法。

1. 地震地质层位的确定

三维构造解释工作的第一步和二维解释一样，是利用钻井、测井资料做人工合成地震记录，再与过井地震剖面对比来确定地质层位。在资料处理时，如采用子波处理方法，做人工合成地震记录时可使用零相位子波。这样一来，地层界面正好对准波峰或波谷，便于地震记录与地质层位直接对比连接。

2. 垂直时间剖面的对比

三维地震剖面对比和二维一样，是利用记录上有效波的同相性、振幅强度、波形、波组特征、时差等综合对比来实现的。所不同的是，三维地震的测线密度较高，信息量大，如一个 10km 长、13km 宽的三维工区，按 25m × 50m 的面元密度，就有主测线 261 条、联络测线 401 条。但解释时不必将几百条测线都——对比，应根据工区的构造及断裂复杂程度，有目的地选择一部分主干剖面进行重点解释。确定构造形态的细节主要靠水平切片。剖面解释的重点应放在组合断裂系统和确定地质层位上。必要时还可加密测线。而在构造简单、断裂不太发育的地区，仅选少量剖面对比，控制层位，然后在水平切片上找到相应的同相轴直接作图，就可以控制构造形态。另外，三维地震不存在交点闭合差问题，用水平切片作等 t_0 线图，只要利用部分垂直剖面提示层位，就可连续地完成构造图的编制。

3. 水平切片的解释

1）水平切片同相轴与地层倾角的关系

水平切片上同相轴的强度反映了反射波的强度，而同相轴的宽度既与地层倾角的陡度有关，也与视频率的高低有关，如图 1 – 4 – 4(a) 所示。图 1 – 4 – 4(a) 中 $\phi_1 > \phi_2 > \phi_3$，而 $L_1 < L_2 < L_3$，可见它们之间存在反比关系。根据图 1 – 4 – 4(b)，可得如下关系式：

$$L = \frac{Vt}{2}\cot\phi \qquad\qquad (1-4-1)$$

式中，V 为速度，m/s；t 为反射波视周期，ms；$t/2$ 为波形变面积子弹头宽度，m。

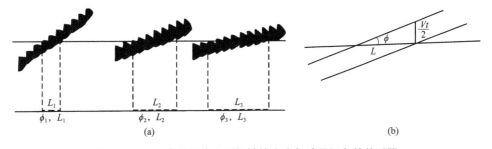

图 1 – 4 – 4　水平切片上同相轴的宽度与地层倾角的关系图

2）水平切片是地下某一等时切面的地质图

每一张等时切片和地质图一样可以反映地质层位和构造形态，相当于一张地质图（图 1 – 4 – 5）。

3）断层在水平切片上的反映

（1）同相轴中断、错开是断层的明显标志，如图 1 – 4 – 6 所示。

（2）同相轴错开，但不是明显中断，如图 1 – 4 – 7 所示，这种断层在垂直剖面上往往不易发现。

（3）振幅发生突变，即在水平切片上同相轴的宽度发生突变，如图 1 – 4 – 8 所示。

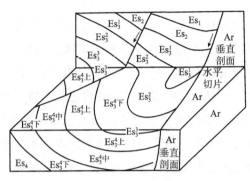

图1-4-5　水平切片与垂直剖面组合的地质图

图1-4-6　同相轴中断

图1-4-7　同相轴错开,但不是明显中断

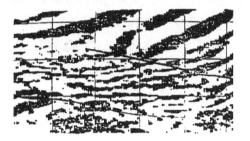

图1-4-8　振幅发生突变

(4)同相轴突然拐弯,如图1-4-9所示。

(5)相邻两组同相轴走向不一致,如图1-4-10所示。

图1-4-9　同相轴突然拐弯

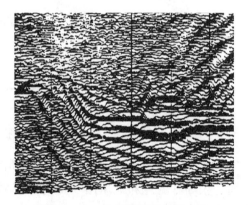

图1-4-10　同相轴走向不一致

在断层的识别和对比中,不能只利用一张等时切片进行解释,应当分析在一系列等时切片上断层位置变化的特点,以便证实断层的存在,并进一步确定断层的位置。如果是直立断层,则在一系列等时切片上同一条断层的位置应重合;如果是倾斜断层,则应有规律地向一侧移动,断层线不重合。

4. 快速绘制等 t_0 构造图

在经过对比解释的基础上,利用等时切片绘制等 t_0 构造图就十分方便。实际绘图时,利用粗网格垂直剖面和等时切片进行目的层反射的交点闭合，在等时切片上确定目的层位同相轴，然后用透明纸蒙在等时切片上，画出作图层位的同相轴轮廓线(图1-4-11)。

图1-4-11　等时切片绘制等 t_0 构造图

在水平切片上拾取同相轴的哪一个相位来绘制等时线是无关紧要的，波峰、波谷或它们的边缘都可以。只要和垂直剖面上拾取的相位一致，并且保证所有的等时线都在相同的相位上拾取。

四、人机联作交互解释方法

人机联作交互解释是指在配置齐全、性能优良的计算机支持下，解释人员进行地质、地球物理资料综合解释。人机联作综合解释工作站这个工作环境通常称为人机联作交互解释系统，它包括相应的硬件和软件系统。人机联作交互解释系统的硬件配置应包括：①主机系统。主机、图形处理器、协处理器、存储介质等。目前，所使用的解释工作站有：SUN SPARC 序列工作站、IBM RISC6000 序列工作站、SGI 的 Indigo 序列工作站以及相应的服务器。②数据输入系统。各类磁带机、光盘机、数字化桌、扫描仪等。③人机交互控制器。鼠标器、键盘、数字化板(Tablet)等。④输出系统。绘图仪(激光、笔式、静电彩色)、硬拷贝机、打印机、彩色监视器等。⑤工作站台、面、彩色监视器等。人机联作交互解释的软件系统应包括：①系统软件。操作系统，如 UNIX 和 VMS 以及早期的 DOS 等；软件平台，如 X-Window 和 Motif 等先进的软件工具。②应用软件。数据输入与管理、数据编辑与绘图、层位或断层等的解释与拾取、数据的输出与显示、叠后资料的分析与处理、地质和测井以及地震资料的综合分析等。

人机联作交互解释工作站按其功能可分为三个层次：

(1)计算机辅助绘图系统，是解释工作站的初级形式，如 Discovery 系统。

(2)人机交互解释系统，是20世纪80年代初，随着三维地震资料的应用和计算机技术的发展而产生的。

(3)解释专家系统，是专家的技术、知识和经验等在计算机系统上的具体体现。解释专家系统可对有关问题进行智能咨询和决策，它不仅能实现人机交互以提高资料解释的效率和精度，更能通过高级智能实现分析、判断和推理。既是解释系统的高级和完善阶段，也是人机交互解释系统的发展方向。人机交互解释系统根据工作站与主机的关系又分为三大类：①联机型。这类解释系统常与用于资料处理的大中型计算机联结，可配置多个工作站，其数据的存储和处理由主机实现，其常规的二维和三维解释及作图由工作站完成。②独立型。工作站本身配置专用主机系统，硬件配置相对简单，但结构紧凑、速度快，且配有简单的叠后分析、处理程序。③多用型。供多行业使用。

目前我国普遍使用的地震资料解释系统是：GEOQUEST 和 Landmark。评价一种解释系统的好坏，通常需考察以下几方面：①完整的解释功能，包括常规二维、三维解释的方法和手段完备，除构造解释外，还应有地层、岩性解释软件，能进行储层预测和油藏描述、对构造和沉积体进行定量分析或计算，还能满足解决我国以陆相盆地为主的含油气盆地中复杂地质问题的需要；②采用开放系统与网络化系统，可方便地进行软、硬件升级，可改变和扩展现有软件，可按统一的方式加入新的功能和应用软件，具有高度可移植性和进入计算机网络的能力；③具有强有力的图像处理功能，包括图像的编辑、格式转换、响应速度、可视化程度、图像显示的分辨率和对比度等；④计算能力，考察解释系统叠后处理功能的完备性，大数据量计算的响应速度等；⑤数据的输入输出和编辑功能，包括数字化、数据格式转换等；⑥价格因数、售后服务和技术支持等。

交互解释的英文是"Interactive Interpretation"，常常译为人机联作解释。顾名思义，人机联作解释就是解释人员在计算机的帮助下所进行的地质、地球物理资料综合解释的工作过程。解释人员在交互解释工作站发布一条指令，计算机就会显示该指令的相应执行结果。交互的含义是指计算机处于工作状态，操作员在计算机终端前等待发布指令的响应，等待时间越短，计算机性能越好。如果计算机的响应不合适或不尽如人意，操作员可随时修改指令，直到满意为止，这一过程计算机和操作员是以对话方式实现的。换言之，交互系统的响应是相当快捷的，解释人员可即时地完成解释系统功能范围内的任何操作。人机交互解释相对手工解释具有如下特点：

(1)工作方式轻松、方便、灵活。

(2)高效率和高精度。

(3)对解释人员的综合素质要求高。①要有计算机的基础知识和应用能力；②要有较高的英语水平；③要有全面深入的地球物理勘探知识；④具有较高的综合分析和应用能力；⑤要求解释人员不断积累和丰富自己的工作经验，要有一定的洞察力和解决实际问题的能力。

三维地震勘探的日益增长必然促进人机交互解释技术的飞速发展。地下地质现象是隐蔽的、多维的，而且是十分复杂的，传统的二维资料难以描述清楚，要想搞清隐蔽而复杂的小断层、小幅度、小面积的构造或圈闭，只有综合利用钻采、测井、地质资料及三维地震数据体的成像技术，再加上人的经验和智慧，才有可能达到目的。由此看来，未来的交互解释系统将会是"智能型综合人机交互勘探系统"。

　　这种高级勘探系统应该具有下列特点：一是智能的，集专家的知识、技术和经验于一体，能分析、推理和判断。二是综合的，其资料来源包括钻采的、地质的、测井的、地震的等诸多方面。综合性的主要标志是系统的功能强、应用范围广，包括整个石油勘探开发过程中地质、地球物理和油藏工程的综合研究工作，从地震资料的人机交互处理、解释、测井分析、地质建模、油藏模拟、图像处理、数据库管理、作图，到制定开发方案、增产措施、经济效益分析和综合地质研究，等等。三是可视的，采用可视化显示技术，如Landmark 公司开发的3Dview 软件系统，可实现交互三维动画制作，三维数据体的可视化处理，可在三维空间显示解释的层位和断层、井径等。GeoQuest 公司推出的 IESX GeoViz 应用软件具有三维数据体图像生成器，可以获得高精度的图像和惊人的视觉化增强，可把重要的资料组合于一个三维显示的可视化图像上，让地球科学家能置身于所解释的地质现象之间。

第二章　地震资料构造解释

第一节　构造解释概述

构造解释的主要内容包括剖面解释、空间解释、综合解释。

(1)剖面解释是构造解释的基础,主要在时间剖面上进行,剖面解释的主要任务是在时间剖面上确定断层、构造、不整合和地质异常体等地质现象。剖面解释还包括把时间剖面转换成深度剖面,为局部构造和区域构造发展史研究提供基础性资料。包括基干测线对比、全区测线对比、复杂剖面解释。

(2)空间解释主要是断层的平面组合、构造等值线的绘制、等深度构造图和地层等厚图的制作等,即要把各条剖面上所确定的地质现象在平面上统一起来,这样才能较全面地反映地下构造的真实形态,也是构造解释的最终成果。

(3)综合解释是在剖面解释和空间解释的基础上,结合地质、其他地球物理资料,进行综合对比分析,对含油气盆地的性质、沉积特征、构造展布规律、油气富集规律作出评价和有利区块的预测。

地震资料的构造解释具体步骤包括:

(1)相干数据体浏览。

(2)层位标定,即在过井地震剖面上找出井点位置某一地层界面或(油)砂层顶底面准确反射位置并确定井旁地震反射的地质含义。

(3)层位追踪,也叫波的对比(在地震记录上利用波的动力学和运动学特点来识别和追踪同一界面反射波的工作)。在地震反射波法勘探中,应用地震波的基本理论和传播规律等方面的知识,分析研究地震资料的运动学和动力学特征,识别真正来自地下各反射界面的反射波,并且在一条或多条地震剖面上识别属于同一界面的反射波。

(4)地震资料的地质解释,根据研究区内井孔所得的钻井地质和各种测井资料,结合地震资料上各反射层的特征(如旅行时或埋藏深度、振幅、频率、相位、连续性等),推断各反射层所对应的地质层位,并分析地震资料上所反映的各种地质现象(如构造、断层、不整合、地层尖灭及各种特殊地质体等),完成二维或三维空间内各种资料的构造解释、地震地层学解释及各种可能的含油气圈闭解释。

（5）成图速度分析。

（6）构造成图，根据研究区内分布的测线绘制反映地下某个地层起伏变化的相应图件，即地震构造图，也可绘制反映地下某个局部有意义的储集体的形态图或其他平面图件（如等厚图、断面构造图等），根据石油地质方面的理论与实际资料推断并圈定含油气有利区域，估计含油气储量，提供钻探井位。绘制的图件应该符合《石油地震勘探解释图件》（SY/T 5331—2008）的相关规定。

（7）构造分析，根据石油地质学、构造地质学等理论，对构造图上圈闭类型、断层要素及断裂带的划分作进一步解释，且要对各局部构造进行含油气远景评价，并提供钻探井位。

一、构造解释流程

地震资料构造解释的核心就是通过地震勘探提供的时间剖面和其他物探（重力、磁法、电法）资料，以及钻井地质资料，结合盆地构造地质学的基本规律，包括区域的、局部的各种构造地质模型，解决盆地内构造地质方面的问题。

地震资料构造解释的过程一般可分为资料准备、剖面解释、空间解释和综合解释四个主要阶段（图2－1－1）。

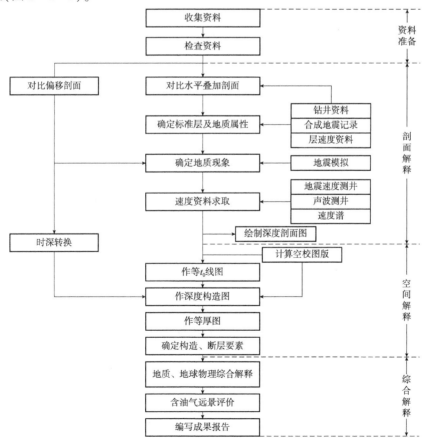

图 2－1－1　地震资料构造解释工作流程

其具体任务：确定反射标准层的构造－地层属性、接触关系、不整合面性质，并划分构造层；确定盆地类型、盆地内构造基本特征和构造样式、空间位置与形态，以及火成岩体、盐(泥)岩体、礁体等地质体的识别；确定并分析盆地内断裂的活动历史、断层性质，识别断层产状，进行断层平面组合；分析盆地的演化历史、地层展布格架及其与构造的配置关系；确定盆地的基本类型，划分各级构造单元，绘制各种比例的区域和局部构造图件；结合其他物探(重力、磁法、电法)和地质资料，对盆地内区带和局部构造进行含油气综合评价，为勘探部署提供决策依据。

二、资料准备

资料准备实质上包括两方面的工作内容，即地震解释工作者要收集与本区或邻区有关的地质和地球物理资料(附录Ⅰ)。

首先，收集和准备与解释和作图直接有关的资料，这些资料包括水平叠加剖面和叠加偏移时间剖面，测线坐标和相应的地质资料。根据勘探目的和要求准备不同比例的测网图，该图件要提供剖面线的排列方向和间距，是构造解释的基础图件。

其次，了解工区区域地质背景，仔细研究与解释有关的地质和地球物理资料，要做到对工区地质背景、盆地类型和主要构造特点有基本认识。这对地震解释工作者开展剖面解释和断层平面组合，以及最终解释成果的正确与否都具有十分重要的意义。地震解释工作是一项实践性很强的工作，它既需要有坚实的地震勘探和地质分析两方面的理论基础，又需要具有丰富的想象力；这种丰富的想象力是建立在对各种剖面特征的识别和各种地质模型的实际观察积累、成因机理理解和综合分析的基础之上的。

地震剖面上的各种反射特征是地下地质体的地震响应，地震响应具有多解性，不同构造环境和成因类型的地质体可能具有相似的地震反射特征；也就是说，地震剖面上的反射特征不是唯一的地质解释，可能有几种不同的地质模型和解释方案，这就需要地震解释工作者对研究区地质作用过程和可能出现的地质模式进行较全面的分析，要做到这一点，地质资料的准备工作是十分重要的。

在解释过程中，受地震资料本身的制约，很多关键细节常常不清楚；地震解释工作者头脑内必须有与解释地区有关的构造环境知识和地质模型。解释的成功与否往往与地震解释工作者经验和知识背景有关，因此，尽可能多地收集并应用已有的地质资料，对解释工作是十分有用的。

第二节　地震剖面层位解释

一、地震反射标准层

1. 地震反射标准层具备的条件

时间剖面上存在大量的地震反射波，在能清楚地反映地下地质基本情况的前提下，一般选择几个有特征的、与地质界面基本一致的反射界面确定为地震反射标准层，并进行对比。地震反射标准层所具备的基本条件是：

(1)反射标准层必须是分布范围广、标志突出、容易辨认、分布稳定、地层层位较明确的反射层。一般选择具有连续性好、波形稳定、能够长距离追踪的反射波的反射界面作为反射标准层，以保证作图的准确性。

(2)反射标准层须具有明显的地震特征。反射波的特征包括波形特征和波组特征。所谓波形特征是指反射波的相位、视频率、振幅及其相互关系；波组特征是指标准反射波与相邻反射波之间的关系。标准反射波必须具有波形特征明显、波组特征突出的标志，在对比追踪过程中容易识别。

(3)反射标准层能反映盆地内构造－地层格架的基本特征。在选择地震反射标准层时，一般把时间地层分界面或构造地层分界面(如主要沉积间断面、不整合界面或基底面)作为标准层，以便于全盆地和工区范围内构造和地层的统一解释。在确定找出主要反射标准层后，再找出次要反射标准层，次要标准层是进一步开展构造、地层和沉积研究所必不可少的。

2. 确定标准层的方法

在时间剖面上确定标准层及其相应的地质层位时，必须与地质资料尤其是钻井资料联系起来，具体做法有三种：

第一种，如工区内有井(特别是深井)，则一定要作连井测线，利用钻井的地质分层和岩性资料、速度资料，将标准层的相应地质层位及目的层引到时间剖面上，即可确定反射波同相轴所对应的地质层位。利用钻井资料进行地震剖面层位标定时要注意以下几点：

(1)在地层倾角较大时，钻井的地层深度与地震反射层深度不符，在进行层位标定时，应作偏移校正。当地层倾角较小、地震法线方向反射时间与换算的地层深度时间一致时，最好将时间剖面转换为深度剖面，再与钻井剖面进行对比。当地震测线不能过井时，可将井沿构造走向引到地震剖面上，但井位不可离测线太远，以免由于地层倾角或厚度的变化造成标定的层位差异较大。

(2)在进行时深或深时转换时，可能由于所用地震速度参数不当，造成换算后的时间深度不符。当采用的平均速度值过大时，则地震反射时间偏短，界面偏浅；反之，地震反射时间偏长，界面偏深。对于陆相盆地，由于地层厚度和岩性横向变化大，速度在平面上的变化也较大；因此，在一个盆地一般不能用同一平均速度参数进行时深或深时转换，需要研究平均速度在平面上的变化，针对不同的地区采用不同的平均速度进行时深或深时转换，这样可减少误差。在井较少和地层横向变化大的地区，钻井分层有时也可能有误差，需结合地震剖面的对比和闭合关系修改钻井分层，以免导致反射层错位影响解释精度；特别是在钻遇断层和地层缺失的地区更应注意，要反复验证。

（3）时间剖面上的地震波是非零相位的，最大波峰并不代表波至时间，往往滞后一个相位左右，约30ms，相当于50m。在薄互层地区，由于相邻层的反射时间间隔小于子波的延续时间，地震反射层是若干薄层的子波组合叠加的结果，这时记录上的反射波不能与地质分层吻合。

（4）反射界面的命名，一般来说，总是把反射界面定名为某地质界面的顶面，这主要是为了保持地震反射时间与地层埋藏深度的一致性。有时反射界面的上覆地层沉积稳定，其下伏地层不稳定，地震反射主要反映下伏地层的特性，这时应以下伏地层命名。如果在稳定的地层之上覆盖的是不稳定的沉积，反射特征主要反映的是上覆地层的特性，应以上覆地层的底界命名较为合理。

现在人工合成地震记录技术已得到广泛应用，利用声波测井资料计算人工合成地震记录，帮助进行地震标准层与地质层位之间的连接十分方便和有效。

利用声波测井资料和密度测井资料换算出反射系数，并选用合适的子波计算出人工合成地震记录。数学模型：$X(t) = b(t) * R(t)$；制作流程如下：

①求反射参数。波阻抗 I = 速度 V · 密度 ρ = 密度 ρ/时差 Δt。

由声波和密度测井曲线经以上公式可求出一个波阻抗曲线。然后用式（2 − 2 − 1）求反射参数曲线：

$$R = \frac{I_2 - I_1}{I_2 + I_1} \qquad (2-2-1)$$

②选择地震子波可用井旁道提取子波，但多用瑞克子波或梯形带通子波代替。

③求合成地震记录将反射系数曲线与子波褶积得到：

$$X_i = \sum_{k=M_1}^{M_2} b_k R_{i-k} \qquad (2-2-2)$$

式中，X_i 为合成记录；b_k 为子波；R_i 为反射系数，i 为反射系数和合成记录的样点序号；k 为子波的样点序号；M_1、M_2 分别为子波的起始样点和末尾样点序号。如图 2 − 2 − 1 所示。

第二种，如工区内没有钻井，但邻区有钻井，则要在邻区内作连井测线，定出反射标准层及其相应的地质层位，然后把它引到本工区。

第三种，当本工区和邻区都没有钻井时，根据区域地质资料及构造发育史资料，结合本工区各构造层的特点及其接触关系，与时间剖面上构造层特点和波组特征来确定层次。这种情况一般是由接触关系表现得较明显的地段引出（如角度不整合），然后引到工区其他地段。此外还可利用构造 − 地层的概念推断地质层位，一般来说，受同一构造运动控制的地区发育的构造 − 地层格架基本相同，表现为同一构造 − 地层单元在成因上是有联系的，不同构造 − 地层单元之间在地层产状、波组特征和几何形态等方面存在差异；顶、底界面可能是不整合面、沉积间断面，利用这种差异性可推测相应的地质层位。

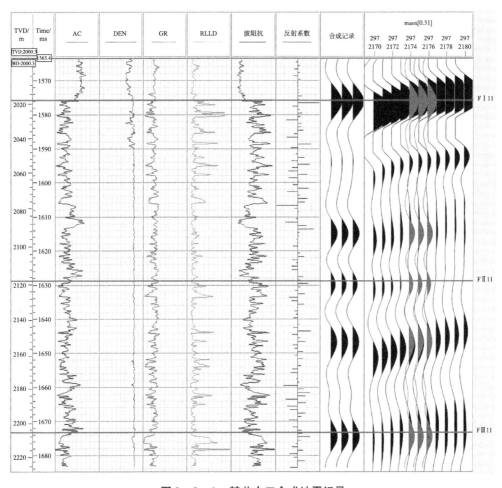

图 2 - 2 - 1　某井人工合成地震记录

3. **层位标定对比时应注意的问题**

层位标定：一般把在过井地震剖面上找出井点位置某一地层界面或(油)砂层顶底面准确反射位置并确定井旁地震反射的地质含义的这一过程叫层位标定。一般通过制作合成地震记录或 VSP 实现标定。通过标定不但可以确定钻井层位、岩性、含油性等与地震反射相位、振幅、频率之间的关系，还可得到一组井点的时间和深度关系。

4. **确定反射标准层的代号和对比标记**

确定反射标准层，一般由浅至深依次编号，反射界面的代号通常用"T_x"表示，字母"T"代表反射波，下标"x"代表具体反射界面编号，用数字或字母表示，如 T_1，$T_2\cdots$；在地层时代明确的情况下，用地层时代的代号表示，如侏罗系、白垩系和下第三系，分别用 T_J、T_K、T_E 表示。反射标准层的代号有时可用"T_x^y"形式表示，这种编号一般用于次一级反射标准层，其中 x 代表某一层位，y 表示 T_x 层内部各反射界面的代号，$y = 1$，2，3$\cdots$，或者是地层组名。

二、时间剖面的对比

在时间剖面上，利用反射波的运动学和动力学特征，识别和追踪同一反射层位反射波的过程叫时间剖面的对比。地震反射资料的地质解释是通过时间剖面的对比来实现的。标准层的确定工作完成后，大量的基础工作就是时间剖面的对比。

1. 反射波的识别标志

来自同一界面，或来自同一薄层组的各个反射界面的反射波，直接受该组反射界面的埋藏深度、岩性、产状及覆盖层性质等因素影响，如果这些因素在一定范围内相对稳定，则同一反射波在相邻地震道上呈现出相似的特点，这是我们用以辨认和追踪同一反射波的基本依据。

由于干扰背景存在，波的初至常常不明显，只能通过比较各道记录上波的某一个或几个极值相位来识别和追踪有效波，这叫作相位对比，地震记录上波的相同相位连线叫作同相轴，对比同相轴要综合考虑下列标志，也就是波对比的基本原则。

1）同相性

来自地下同一性质界面的反射波，在相邻共反射点上的自激自收时间十分接近，极性相同，相位一致。相邻道的波形，波峰套着波峰，波谷套着波谷；变面积的小梯形也首尾衔接；同一个反射波，各延续相位的同相轴彼此保持平行。

2）振幅显著增强

由于在野外采集和室内处理中采取了许多增强信噪比的措施，在地震剖面上，反射有效波的能量一般都大于干扰背景的能量。所以反射波的能量较强，振幅峰值突出。反射波的强弱不仅与对应界面的波阻抗有关，还和其他地震地质条件有关。

3）波形相似

由于相邻道间激发、接收条件较接近，当传播路径和穿过地层的性质差别较小时，同一反射层的波形也基本相同（波形包括频率、相位个数、各极值间的振幅比等）。

4）连续性

对于可靠的反射波，除具备以上三个特征外，在横向上，还能将这些特征保持一定距离和范围，这种性质称为波的连续性。反射的连续性是由界面上下两组地层性质（速度、岩性、密度、所含流体等）的稳定性决定的。在构造解释阶段，着重研究反射层的外部形态，而常常忽略那些能反映反射层内部结构的一些不连续的反射。因此，连续性可作为衡量反射波可靠程度的标志。

上述标志，从不同的方面反映同一层反射波的特征。它们彼此不是孤立的，而是互相联系在一起的。一般情况下，这些标志不同程度地同时存在，对比时应综合考虑。某些波连续性较好，能量可能较弱；不整合面上的反射波能量一般很强，但波形通常不稳定；由于岩相和岩性的变化，波的特征必然也是逐步变化的。一般来说，与激发、接收等地表条件有关的影响，同相轴从浅至深会发生同样的畸变；而受地下地质条件变化的影响，往往是一个或几个同相轴发生畸变。在波的对比中地震解释人员要善于识别各种波形特征，弄清同相轴变化的原因，严格区分是地质因素还是剖面形成过程中的人为因素，是地震解释的主要工作和技巧之一。

2. 实际资料对比方法

1）收集掌握地质资料、统观全局，研究剖面结构

对比之前，解释人员必须收集并充分掌握工区和邻区的地质与地球物理资料，在此基础上，充分利用时间剖面的直观性和范围大的特点，统观整条测线，研究几个主要波组的特征及相互关系，掌握剖面结构，研究规律性的地质构造特征，运用地质规律来指导对比。

2）从基干剖面开始对比

在一个盆地或凹陷内开始对比时，首先应按顺序把工区范围内剖面浏览一遍，选出其中反射层次齐全、信噪比高、反射同相轴稳定且连续性好的一些剖面作为对比基干剖面。基干剖面一般要求在研究区范围均匀分布，能反映典型地质现象和控制盆地内主要构造 - 地层单元的剖面。如贯穿整个盆地或凹陷内主要构造带的一些剖面，以及主要的连井剖面等。

3）重点研究标准层反射同相轴

这是抓主要矛盾的方法，具有强振幅和较稳定波形的反射波叫作标准层或特征层，它们是工区主要岩性分界面，特征明显又易于研究剖面的主要构造特点，其次对其他规律性较差的反射层进行分析，只取那些可能与地层真正有关的同相轴作解释。

4）相位对比

由于地震记录上记录到的反射波往往是续至波，初至难以辨认，因此具体工作中采用相位对比，进行相位对比有两种具体做法。

一种是强相位对比，当反射界面连续性好，岩性稳定，因而波的特征明显，可以在较大范围内连续追踪时可选择最强最稳定的相位进行波的对比追踪。但必须注意在各剖面上所对比的相位应一致，否则会因相位对比错误而导致层位深度不一，造成地质解释上的困难。

另一种是多相位对比，在断裂发育、地质结构较复杂，或岩性变化较明显的地区等，波形将会产生变化，也就是说波形不稳定，甚至出现强相位转换的现象。

例如，某一波组有三个相位，原来第二相位是强相位，后因岩性的变化，变为第三相位是强相位，此时，如果只追踪一个强相位，势必造成对比中断或人为地把连续的地层砍开出现假断层，即对比解释错误（图 2 - 2 - 2）。因此目前生产中广泛采用多相位对比，也就是对比波的二个或二个以上相位，必要时，甚至对比整个波组的所有相位，以避免出现对比解释上的错误。

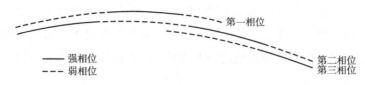

图 2 - 2 - 2　地震反射波多相位对比

5）波组和波系对比

由两个或两个以上同相轴组成的、具有较强振幅较连续的反射往往被称为波组。可对应于地层单元的组、段、亚段等。

图 2 - 2 - 3　地震反射波组与波系

如果相邻的两个以上的波组伴随出现，波形特征明显，时间间隔稳定称为波系。利用波组和波系进行对比，可以更全面地考虑层组间的关系，准确地识别和追踪反射波。往往形成于类似构造背景的同一构造期内。可对应于岩石地层单位的群、统、系等，快速堆积条件下的也可对应于地层组或段（图 2 - 2 - 3）。

6）异常波

与岩性突变点有关的绕射波（常在各反射层断开处和岩层尖灭处出现）、断层面产生的断面反射波、凹界面产生的回转波是研究断层、尖灭和挠曲等现象的有效波，地震解释工作者常要花费较大精力去研究它们。

7）沿测线闭合圈对比

主测线和联络测线交织成许多闭合圈，在水平叠加剖面上，测线交点处的 t_0 时间应相等，因此，对反射层的追踪可以从一条剖面转到另一沿测线闭合圈追踪同一反射层位时，t_0 时间应该一致，这叫闭合，当闭合差超过半个相位时，就认为没有闭合。

如果是由断层引起，当考虑了断层的断距后，也应闭合，如没有发现断层，很可能在对比中有串相位的情况，应反复检查，特别要注意反射质量较差和干扰现象复杂的地段。根据剖面交点处同一反射波的 t_0 时间相等进行剖面交点闭合，是检查对比是否正确的重要方法，除交点闭合外还应推广到测线网的闭合，例如沿着由两条主测线和两条联络测线构成的矩形封闭测网，标准层追踪也应闭合，当闭合圈中有断层时，应把断距考虑在内（图 2 - 2 - 4）。

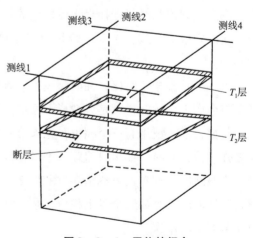

图 2 - 2 - 4　层位的闭合

剖面闭合是检查对比质量、连接层位、保证解释工作正确进行的有效方法，但应注意可能产生测线交点闭合差的如下各种原因：

(1)两条测线完成的时间不同，导致波的传播时间发生了变化，例如陆地勘探时潜水面的较大变动，或者在海上勘探时潮汐造成水面高低的不同。

(2)地形测量误差或海上定位的误差。

(3)各条测线上采用不同的处理程序或不同的参数，包括子波处理中引起的极性等。

(4)两条测线所用仪器型号不同，或型号虽然相同，但所用仪器参数不同。

8)利用偏移剖面进行对比

水平叠加剖面上记录的是 t_0 时间，对于非水平界面，它所反映的构造形态与实际相位不一致，出现复杂的干涉现象，给波的对比造成困难，在偏移剖面上，反射波得到归位，绕射波收敛到绕射点上去，干涉现象变得简单，因此利用偏移剖面对比，能比较容易判断地质构造的形态和性质。在地震剖面追踪对比过程中还要特别注意地震反射界面对应地质界面的性质(如不整合面、最大海泛面等)，界面性质不同需要按不同的方向和理论指导解释。

9)剖面间的对比

当地质构造变化不大时，在相邻的几条平行测线上，各时间剖面反映的地质构造形态、断裂出现规律都基本相同，对于同一异常现象，在相邻剖面上也应有所反映。因此在对比过程中，可用相邻剖面互相参照对比。在对时间剖面进行初步对比后，可以把沿地层倾向或走向的各个剖面按次序排列起来，综观各反射波的特征及其变化，可以了解地质构造、断裂在横向上、纵向上的变化，这有助于对剖面作地质解释和绘制构造图等工作。

10)利用地质规律对比

地震波及其变化规律反映了地质构造的特点。地质构造的特点与地震波的变化规律密切相关，因此在解释前应了解本工区有关的地质资料，如区域构造特点、地层情况、接触关系、沉积环境、地震反射层与地质层位的关系等。并了解邻区的地质、钻井、测井等资料，运用地质规律指导对比解释，避免犯片面性错误。

3. 时间剖面对比顺序

(1)在基本剖面上对所选定的标准层或目的层进行对比追踪，同时要解释断层和不整合。

(2)对全区的标准层进行追踪对比，剖面上有井的，尽可能参照井上信息，同时注意由里向外、先简后繁这一顺序。

(3)复杂地段的对比，要充分利用地质、钻井资料，注意识别和对比利用复杂构造引起的各种特殊波。

(4)在对比过程中，注意识别各种假象。

第三节 断层精细解释

一、主干断层解释

如果研究区面积较大，构造变化复杂，则断层解释是构造解释的重点和难点。传统的断层解释方法主要依靠地震数据或基于地震数据的相干体等属性进行剖面识别，并结合断点数据对解释成果进行局部校正，但该方法的缺点是识别精度较低，无法满足现阶段油藏精细描述的需求。根据研究区断裂分布规律，首先对断穿萨葡高油层的大型生长断裂进行断层格架搭建。研究过程中着重突出了断点在断层解释中的作用，采用逐级分类的解释方法，分别针对不同断层采用不同的解释方法。充分利用井点断点数据，以地震体、地震剖面层位解释等多种数据为核心，在断裂整体走向的控制下进行精细解释。通过垂直断层走向剖面确定断裂基本形态，再根据 Inline、Xline、逐级加密（由 16CDP × 16CDP 加密到 8CDP × 8CDP，4CDP × 4CDP，…，1CDP × 1CDP），最终完成断裂框架的搭建。针对小断层，由于断裂规模小，在地震数据上的显示通常为同相轴扭曲、变形，容易在地震识别过程中出现伪断层解释，因此需要在解释过程中充分结合断点、确定性断层成因机制、组合类型和发育样式，借助曲率体、相干体等地震属性，以及三维可视化和三维光源照明等先进技术进行断层精细解释，从而大大地提高断层解释的精度和效率，项目研究过程中对不同规模断层，选用不同的解释方法，最终建立合理的断裂解释方案。

由于主干大断层断距较大，剖面识别特征明显，解释主要依靠传统的断层解释方法、原则和流程，关键技术在于断裂组合的准确性，保证断裂空间形态的合理。主要包括以下几方面：

（1）利用剖面波组错断识别。

大中型断层断距大，在地震剖面上有明显的同相轴错断，依据剖面波组特征可以完成断裂在不同测线上的解释。

（2）利用属性体宏观判断、识别断层。

通过数据体和相干体及某些可以反映边界特征的属性体，解释人员很容易建立起断层的空间概念，如断层的规模、位置、走向、组合等信息。通过纵横向动画切片浏览、定位，比较断层在不同数据体上的特征，可以较准确地捕捉断层的真实信息，合理地再现断层的本来面貌。

（3）剖面解释与相干体相结合识别断层。

地震相干体技术重点是表达地层的不连续性，能够生成断层的无偏差图像，当解释沿倾向的断层时，常规时间切片是有效的，但要在时间切片上精确地拾取平行于走向的断层是很困难的，而相干体技术可以识别出任意方位上的断层，减少解释人员的主观判断和经验因素，有助于提高工作效率，使解释结果更客观、合理。只有将剖面解释断层技术（同相轴的错断、扭曲、分叉、合并，变密度显示、反极性显示等）与相干体识别断层技术结合起来，才能取长补短，相互检查、验证解释的合理性。

（4）断层任意线解释。

通过数据浏览和连井解释格架分析断层走向特征，如断层走向以 NW 和 NNE 方向为主，与 Inline 和 Xline 线小角度斜交，依靠 Inline 和 Xline 线解释势必会造成断层复杂化和难以解释等现象。在断层解释过程中，主要采用垂直断层走向相邻任意线解释，从而提高断层解释精度（图 2 – 3 – 1）。

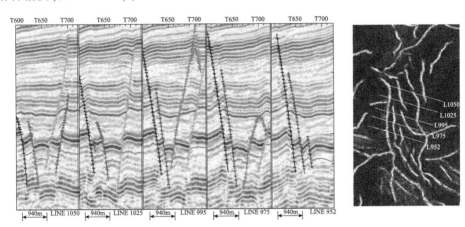

图 2 – 3 – 1　龙虎泡地区断裂任意线解释示意剖面

（5）二维和三维交互断层解释，断层实时组合。

通过二维和三维窗口联动解释，实现了在解释过程中断层实时组合。二维窗口和三维窗口解释断层实时联动，解释工作者可以观察解释的正确性和断层组合的合理性。

（6）利用全三维可视化展示技术。

将解释的断层编号加载到三维可视化显示环境中，以不同的颜色展现断层形态，结合多种属性体，判断断层发育的构造位置、切割的层位。通过旋转、透明等技术手段判断断层与特殊地质体的关系。

二、小断层解释

小断层一般指断层断距较小，地震反射表现为同相轴微小扭曲、变形。同时，由于褶曲变形和地震数据的不确定性等多重因素影响，剖面上显示的同相轴扭曲变形特征往往不能和断裂建立一一对应关系。因此，准确确定小断裂的分布还需要从断裂的形成条件和成因角度入手分析，必须采用井震联合技术主导，断点校正、相干体、曲率体、边缘检测等识别方法才能保证小断层的识别精度。

1. 断点指导小断层组合

在地层对比过程中，断裂发育区内井点钻遇断点，在时深转换的基础上，可以指导小断层精细解释。

2. 利用变密度剖面识别、三维数据体浏览

针对断距较小、同相轴无明显错断断层，且在变密度剖面有轻微能量抖动的特点，通过变密度剖面的精细解释可初步判定断层形态，同时通过三维可视化技术和纵向比例放大技术，对断层辅以多角度的认识和识别，从而确定断层的走向、倾向和延伸长度。

3. 连井对比分析

对小断层开展多角度连井对比分析，以保证断层组合的准确性，进一步认识断层井间延伸的情况。

4. 联合多方法、多属性对断层空间展布形态进行厘定

应用多种相干属性，从剖面、平面和三维空间多角度对小断层的空间展布情况进行厘定。

1）剖面识别

通过多属性提取，可以发现 $5 \sim 10m$ 断层断裂特征在剖面得到加强，从而应用变密度剖面、倾角相干剖面和方位角剖面等多种属性手段，对断层的剖面形态进行识别。

2）平面组合

应用倾角相干体、方差相干体和本征值相干体等沿层切片，对断层的平面组合情况进行逐一落实，提高断层组合的准确性，同时对断层延伸长度的确定起到主导作用。

三、断层要素确定

从地震剖面上如何可靠地确定断层的位置、断层面的形态、产状及断层性质，对于提高解释精度具有十分重要的意义。

1. 断层面的确定

断点：地层主体的振幅是断点处振幅的一半（半幅点）。剖面上浅、中、深层断点的连线即为断层面。解释过程中要注意：

（1）断面不可穿过可靠的反射波同相轴。

（2）由于断面的屏蔽作用，断层下盘往往不可靠，应依据上盘断点。

（3）在相邻的平行剖面上，同一断面的形态、倾角及断开层位基本一致；对不同方向测线，同一断面倾角大小不同，与断层走向垂直的断面倾角最大。

2. 断层落差的确定

上、下盘的垂直深度差就是断层的垂直落差。

3. 断层的倾角

当测线与断层面走向垂直时，剖面上断层的倾角为断面的真倾角；当测线与断层面斜交时，剖面上断层的倾角为视倾角，视倾角的大小可以从剖面上直接量取。断层走向、延伸长度要在断点平面组合后才能确定。

四、断层组合规律

断层的组合就是如何将众多的孤立断点以最佳的方式连成断层线和断层面的问题，包括剖面上的组合和平面上的组合。在各条剖面上解释出断层后，把属于同一断层的断点在平面上组合起来，作出断裂系统图。断点的平面组合是作构造图的关键，它直接关系到构造图的精度和解释成果的正确与否。

断点的组合应符合地质规律，一般来说，在区域拉张应力条件下不可能出现逆断层；在挤压应力条件下，以逆断层为主，但也发育正断层；在剪切应力作用下，既可能出现逆断层，也可能出现正断层和平移断层。断层的这些规律性要参考构造地质学等有关文献。

1. 断层的组合

在我国的大部分断裂发育地区，正断层较多。从地质知识可以知道，自然界中正断层很少单独出现，往往是许多条正断层在一起构成断层系列，有的形成阶梯状，有的相交、切割。在剖面上会表现出许多断点，如何正确地连接这些断点，组成断层系正是剖面组合要解决的问题。

分析断层的相互切割问题，首先必须掌握可能的断层切割模式。例如，两条正断层相交，一般有四种切割模式："X"型、"Y"型、反"Y"型和"人"字型(图2-3-2)。其次要利用已有的地质知识，了解断层发育的一般规律。例如，一个断层断开几个层位，其断距不变或渐变；又如，长期发育的断层应当切割早期形成的断层，新断层切割老断层等均是一般的规律。实际组合时应从实际资料出发，仔细分析断层性质，搞清各断层形成的先后关系，从主到次、从易到难逐步进行。在这方面也是有规律可循的。例如，深层断而浅层

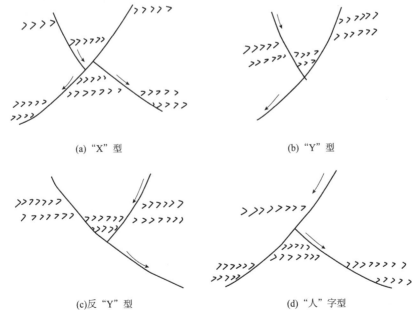

(a)"X"型   (b)"Y"型

(c)反"Y"型   (d)"人"字型

图2-3-2 正断层四种切割模式

不断是老断层，深浅层断距基本一致的是新断层，断距随断开层位的深度增大而增大的是长期发育的断层。除长期发育的断层外，还可根据断层断开的最新层位和未断开的最老层位判别断层的形成时期。利用这些规律组合就可以避免不少错误。

图 2-3-3 是两个剖面组合的例子。图 2-3-3(a) 中①号断层形成于 T_0 层（未断开的最老层位）以前，T_1 层（断开的最新层位）之后；②号断层形成于 T_1 层之前 T_2 层之后，显然①号断层比②号断层新。在没有其他断点的情况下，应将①号断层线向下延伸，将②号断层线搭在其上，为"Y"型。依此方法同样可以分析出图 2-3-3(b) 中①号断层比②号断层新，此时两断层相交，互相切割，应为①号断层切割②号断层，为"X"型；切割后②号断层的断层线应按上、下盘运动规律搭在①号断层上，且其断距也应符合上下标准层断距的变化规律。

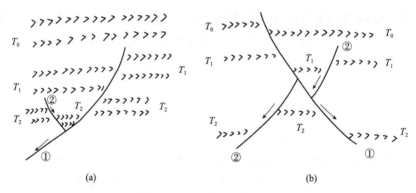

图 2-3-3　断层剖面组合

要对地震剖面上的构造和断裂作出合理可靠的解释，一定程度上还取决于解释人员对工作地区有关褶皱、断裂等构造模式的掌握程度。图 2-3-4 是我国东部渤海湾盆地古近系 – 新近系拉张式构造模式示意图，由于受拉张应力，断裂都为正断层。有时在地震剖面上，单凭断层识别的标志，可以解释为正断层，也可以解释为逆断层，这时必须分析断裂形成的机制，才能作出合乎地质规律的解释。

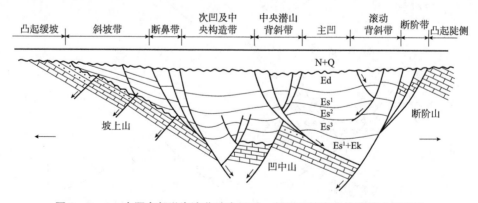

图 2-3-4　中国东部渤海湾盆地古近系 – 新近系拉张式构造模式示意图

由此总结断点的组合在时间剖面上的地质规律。

(1)先主后次：断点组合应先组合断裂特征明显、断层规模较大的区域控盆和控制次级构造单元的大断层。区域大断层一般平行区域构造走向延伸，断层两侧波组有明显差异，对盆地和凹陷具有明显的控制作用；同时在重力等值线图中也表现为等值线密集带，磁力异常图中表现为密集带或串球状磁力异常。

(2)先简单后复杂：断点组合应先从上而下进行，因为上部剖面特征明显，断点落实较好，受构造运动影响较少，断裂系统较中下部地层简单，便于组合。

(3)同一断层在平行的时间剖面上断层性质相同，断面、断盘产状相似，断开的地层层位基本一致，或呈规律性变化；靠近确定的断点位置，相邻剖面断距相近或沿断层走向呈规律性变化。

(4)同一断块，地层产状变化一致或有一定规律。

(5)断层两侧波组具有明显特征，且在平行测线方向数千米范围内特点相似。

(6)断点组合要遵循断裂力学机制的规律，对岩石的力学性质，受力方式所产生的断裂系统要充分理解。例如，在水平挤压应力条件下的纵弯褶皱可能在背斜顶部出现平行构造走向的纵张断裂和次一级的横张断裂，翼部则可能出现与地层产状斜交的追踪张性断层和次级平移性质的调节断层。

(7)要尽可能弄清控制断层的构造性质和成因机制。不同成因类型的构造其产生的断裂系统变化是很大的，断块构造一般以短的张性断层为主，挤压褶皱一般以延伸较长的平行断裂系为主，剪性或扭性构造一般具雁行排列的断裂系统，底辟构造上则发育放射性断层系，等等。认识这些构造规律在断裂系统组合过程中是十分重要的。

(8)断点的组合有一个认识－修改－再认识的过程。地质历史过程中断层的形成是复杂过程，是多种因素综合作用的产物，人们不可能在勘探初期把这样复杂的问题一次弄清楚，随着勘探程度的深入、资料的积累，以往所建立的断裂系统要不断修改、逐步完善。总之，断层解释工作难度较大，需要根据地区的地质规律、结合地震剖面特征进行仔细的分析，并不断通过钻井检验积累经验，提高断层解释水平。

2. 断点在平面图上的标记方法

将同一层位的所有断点投影到测线上，如图2-3-5所示，把投影点的位置展示在测线平面位置图上，并用一定符号表示断层性质，如正断层用"⫽"表示(图2-3-6)，逆断层用"⤬"表示。

断点平面组合时应注意的问题：

(1)两条断层相交时，应该用构造地质学原理加以分析，按断层发生的先后划分出主干断层和派生断层，组合相交关系。

①晚期的新断层应切割早期的老断层，而老断层在新断层两侧发生错动，如图2-3-7(a)所示。

②当两条断层相接触时，一般应是小断层的一端触到大断层上[图2-3-7(b)]。其

中，长支是老断层或同时伴生的，深层断而浅层不断的一般是老断层，深、浅层都断且落差基本一致时，一般为新断层。落差上小、下大属于边沉积边发育的断层(同生断层)。

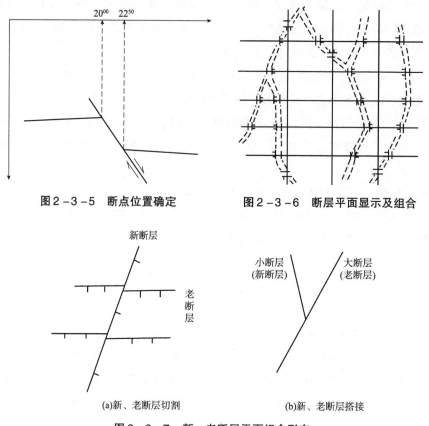

图2－3－5　断点位置确定　　　　图2－3－6　断层平面显示及组合

图2－3－7　新、老断层平面组合形态

（2）一些断点很清晰的断层，在平面连接时不能穿过无断点显示的剖面，同一个断点只能使用一次。

（3）经平面组合后剩余的孤立断点，应是断距小、延伸较短的小断层。

（4）各构造层的断裂系统应是一个整体，比较上、下层断裂系统的合理性对平面组合很有帮助。例如，同一条断层在不同层的平面图上不能相交；同一条正断层，深层断层线应位于浅层断层下降盘一侧；等等。

在断点组合时，应将平面与剖面相结合，反复对比，使组合方案最合理。

第四节　微幅构造解释

由于规模较大的断层主要控制含油气断块的构造趋势、断块的产状和形状，小断层则进一步分割含油气断块，并使含油气断块的油、气、水关系更加复杂，因此，微幅构造对剩余油分布和油井生产具有明显的控制作用。微幅构造解释技术流程如图2－4－1所示。

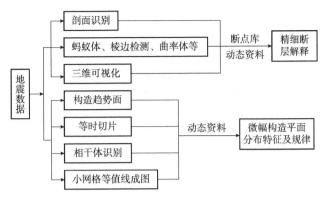

图 2 - 4 - 1 微幅构造解释技术流程

一、微幅构造分类

微幅构造具有圈闭面积小、构造幅度低等特点，有两种成因：一种是受砂体沉积前的下切作用、差异压实作用和沉积古地形的影响形成的微幅构造，与构造作用无关；另一种是由于断层的作用常常在沿断层两侧伴生小的微鼻或微断凹槽，其可能是下降盘的不同部位的下降速度不等造成的。下降较慢的部分上凸，较快部分下凹；上升盘则因受不均衡拖曳力作用，拖曳力强处下凹，弱处相对上凸。上述因素往往相互作用，综合影响。另外，受宏观构造背景的影响，在构造平缓处，小的起伏可形成小高点或小低点，在构造较陡处，这种起伏常形成小鼻状构造和小凹槽等。不同微构造类型其水淹规律不同，剩余油分布差异较大。依据砂体顶、底面微起伏变化形态，微幅构造类型可分为正向型和负向型两种。其中正向型微构造因构造位置较高，水淹程度低，含水上升慢，是开发后期剩余油分布和挖潜的有利部位，而负向型则相反(图 2 - 4 - 2)。

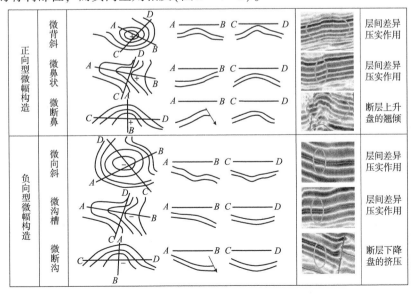

图 2 - 4 - 2 微幅构造类型

二、微幅构造识别方法

针对微幅构造的识别，在保证解释精度的前提下，需联合应用手动识别、构造趋势面分析、井点数据小网格成图、数据体等时切片和相干体技术等手段。

首先，基于静态资料，利用构造趋势面和层位解释面的残余差面初步判断微幅构造发育位置。

其次，针对研究区目的层，采用逐井海拔高度和补心高度及井斜校正，在密井网条件下采用小网格以1m等值线描绘油层组顶面构造分布形态，根据等值线的抖动、偏移和圈闭等形态进行微幅构造识别。

最后，通过地震数据体等时切片，根据同相轴形态变化确定局部异常，也可利用相干体属性分析突出不相干的地震数据，用来识别微幅构造。这个过程基本上没有解释人员的经验及主观判断的参与，完全依赖于数据体的相干程度差别，使解释结果和地质认识更加可靠。在开发主力油层微幅构造识别方面做到动静结合，在识别出的微幅构造中结合开发井动态资料，依据油水井吸水、水淹等情况，检验正向型微幅构造和负向型微幅构造的可信度。

第五节　地震构造图绘制

一、地震构造图概念

前述的解释工作都是针对二维的地震剖面进行的，如果要查明地下地质构造的整体形态变化，则要把剖面和平面结合起来进行空间解释，其基本成果就是地震反射层构造图。

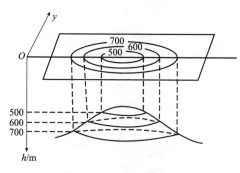

图2-5-1　构造图示意

1. 构造图的定义

地震构造图是一种以地震资料为依据，用等深线（或等时线）及其他地质符号表示地下某一层面起伏形态的一种平面图件，它反映了某一地质时代的地质构造特征，是地震勘探最终成果图件，是地质解释为钻探提供井位的主要依据，因此绘制构造图是一项十分重要的工作。在图2-5-1中，假设地下有一个穹窿构造，若将构造顶面的等深线向上投影到地面上得到的是平面图，就是该穹窿构造顶面的等深度图或构造图。大家知道，一条深度剖面只能表示沿该剖面的地下构造形态，要想知道地质构造的空间形态，必须把测网中的各条测线的深度剖面都利用起来。如图2-5-2所示，把4条剖面上同一反射层的深度，按一定间距展布在测线平面图上，然后根据所标注的深度值绘出等深线，就得到了构造图。

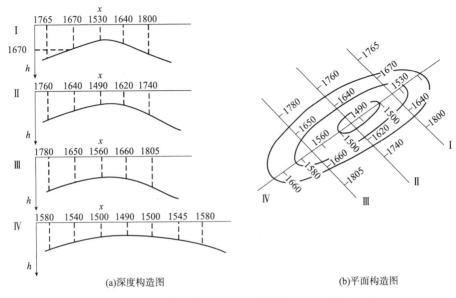

(a)深度构造图　　　　　　　　　　　(b)平面构造图

图 2 - 5 - 2　深度构造图与深度剖面图的关系(单位：m)

2. 构造图的种类

根据等值线参数不同，地震构造图分为等 t_0 构造图和等深度构造图。等 t_0 构造图是由时间剖面上的时间数据直接绘制的，在构造比较简单的情况下可以反映构造的基本形态，但其位置有偏移。由于地震勘探中界面的深度有法线深度、视深度和真深度三种，深度构造图也相应有三种，通常采用的是真深度构造图。三维地震资料作构造图，主要利用地震解释成图软件直接绘制等 t_0 构造图和等深度构造图。目前，二维地震勘探普遍采用的绘制构造图方法，是以地震时间剖面为原始资料，作出等 t_0 构造图，再进行空间校正，得到真深度构造图。以经过三维偏移的三维数据体为基本资料，利用水平切片，可以方便快速地作出等 t_0 构造图，由等 t_0 构造图进行时深转换，不需要空间校正。

二、构造图的绘制步骤

地震构造图可以利用水平叠加时间剖面，作等 t_0 构造图，再经过空间校正得到真深度构造图。这种方法简便，当前在我国已得到普遍采用。另外，还可以利用叠偏剖面直接作构造图。无论哪种方法，它们的基本作图程序是相似的，一般都经过以下步骤：

1. 资料的检查

因为绘制构造图的数据都是从剖面图上取得的，剖面解释的可靠程度直接关系到构造图的质量，所以在绘制构造图之前，应对所有剖面进行检查。主要检查内容为：标准层地质属性的可靠性；断层、尖灭、超覆等是否合理；有无跳穿相位现象；相邻剖面解释有无矛盾；闭合差是否小于等值线距一半。

2. 选择作图层位和比例尺

1）作图层位的选择

在所对比若干反射层次中，选择能严格控制含有气地层的地质构造特征的标准层，作为绘制构造图的层位。如果在油气部位没有标准层，也可选取假想层，制作构造简图。至于选多少个层位绘制构造图，则视地质分层和地震界面的分布情况及勘探任务而定。在角度不整合面上下，应各选一层位，分别作构造图和构造简图。

2）作图比例尺的选择

比例尺和等值线距反映了构造图的精确度，而构造图的精确度取决于测网的密度、地质情况、勘探任务和资料质量等因素。在资料质量好、构造复杂的情况下，应选择较大的比例尺和较小的等值线距，反之亦然。在不同的勘探阶段，其构造图的作图比例尺和等值线距都是有一定要求的，详见表2-5-1。

表2-5-1　比例尺及等值线距

勘探阶段	比例尺	等值线距/m
区域普查	1：20万	200
面积详查	1：10万或1：5万	50或100
构造细测	1：5万或1：2.5万	25或50

3. 描绘测线平面分布图

根据测量资料，把所有的平面位置描下作为底图，注明测线号、测线起止桩号、交点桩号、已钻井位、主要地物及经纬度。

4. 取数据

在经过解释的时间剖面上，对所选定的作图层位，按一定距离（通常在测线平面图上为1cm）及测线交点处读取 t_0 值，同时将断点位置、落差、超覆点、尖灭点等数据标注在测线位置图上。对构造的主要部位及特征点附近应加密取值。

5. 制作断裂系统图

通过对断点进行平面组合得到。

6. 勾绘等值线

按规定的等值线距（表2-5-1），根据底图上的 t_0 值，勾绘圆滑的曲线。先勾出大致的轮廓，如构造的高点和低点、构造轴线等，再考虑构造的细节。在复杂断块区，应以断块为单位勾绘。勾绘等值线应注意以下两方面。

（1）勾绘的平面图与剖面图，在构造形态、范围、高点位置和幅度等方面的特征上，基本一致。

（2）勾绘构造应符合构造规律：

①在单斜上，等值线间隔应均匀变化，不允许出现多线或缺线现象（图2-5-3）。

②两个正向（或负向）构造之间不能存在单线，图2-5-4中构造图中的虚线是错误的。

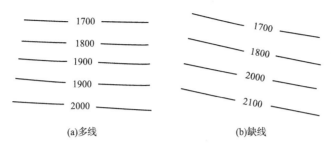

图 2 - 5 - 3 单斜层等值线错例 (单位：m)

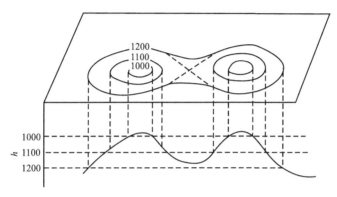

图 2 - 5 - 4 同向构造等值线错例 (单位：m)

③正负向构造，在无断层影响时，都应相间出现，构造轴向大体一致。

④勾绘断层两侧的等值线，应考虑断开前构造形态上的联系，如图 2 - 5 - 5 (a) 的勾法是错误的。另外，断层上升盘某点等值线的数值加上断层的落差，等于下降盘等值线的数值，如图 2 - 5 - 6 所示。

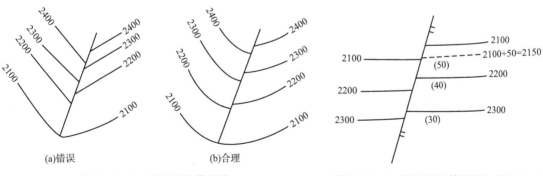

图 2 - 5 - 5 断层两边等值线
勾绘 (单位：m)

图 2 - 5 - 6 断层两边等值线勾绘 (50m)
断层落差 (单位：m)

⑤同一断层，在上下层构造图上的位置不能相交，当断面直立时，深浅层构造图的断层位置应重合；当断面倾斜时，同一断层在各层构造图上应彼此平行，且深层的较浅层的往断层下倾方向偏移。

⑥背斜构造断开后，下降盘等值线的范围比同深度上升盘的小。对于正断层，上下盘断点投影到地面上的水平位置错开，如图2-5-7(a)所示；对于逆断层，上下盘断点投影到地面上的水平位置出现叠掩，如图2-5-7(b)所示。

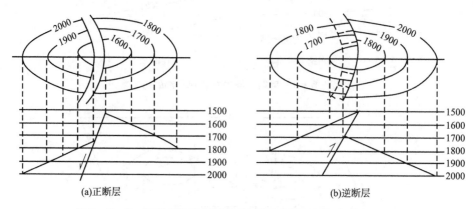

图2-5-7 正断层与逆断层构造图与剖面图的关系(单位：m)

⑦等深线间相对的疏密程度标志着界面倾角的大小，相邻等深线距较密，反映出界面真倾角较大，反之，相邻等深线距较稀，则说明界面真倾角较小。如图2-5-8为一背斜构造图，东北翼构造等深线密而西翼平缓。完整的背斜或向斜表现为环圈状圈闭的等深线。每条等值线都应有"来龙去脉"，在无断层情况下，能自成回路或延伸到工区以外，在有断层情况下，则与断层相遇形成回路(图2-5-9)。

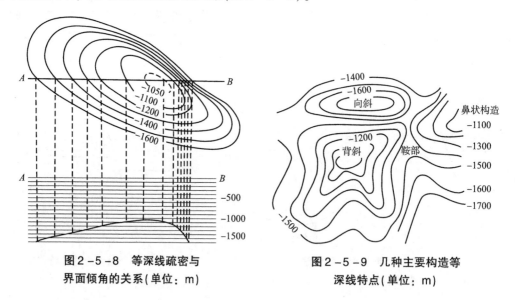

图2-5-8 等深线疏密与
界面倾角的关系(单位：m)

图2-5-9 几种主要构造等
深线特点(单位：m)

⑧在构造图上，应标明图名、比例尺、经纬度、井位、主要地物、图例和责任等。常用的地质符号如图2-5-10所示。

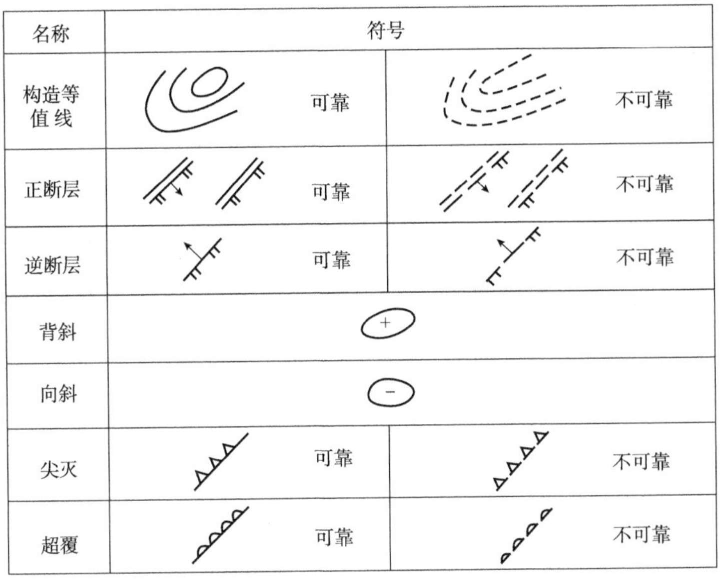

名称	符号			
构造等值线		可靠		不可靠
正断层		可靠		不可靠
逆断层		可靠		不可靠
背斜				
向斜				
尖灭		可靠		不可靠
超覆		可靠		不可靠

图 2 - 5 - 10　常用地质符号图例

三、时间构造图转换成深度构造图

三维地震垂直剖面或水平时间切片都由作了三维偏移处理数据体切割而来，因此，由这种资料作出的时间构造图只需作简单的时深转换便可得到深度构造图。方法有两种：常速成图法和变速成图法。

1. 常速成图法

所谓常速成图法，是认为整个工区内速度无横向变化，平均速度只是 t_0（或深度 z）的函数 $V_{av}(t_0)$ [或 $V_{av}(z)$]，当工区很小或工区内速度横向变化不大时，全工区采用一条统一的 $V_{av}(t_0)$ 或 [$V_{av}(z)$] 曲线进行时深转换。按 $z = \frac{1}{2}V_{av}t_0$ 将时间构造图上的 t_0 变换为深度，从而获得深度构造图。时深转换一般在地震工作站上或微机上用专门软件自动完成。

常速成图实际上只是将时间构造图上的时间刻度变换为深度刻度，因此，常速成图得到的深度构造图上的构造特征与时间构造图上的一样。例如，在时间构造图上的单斜、背斜、向斜等，在用常速成图法得到的深度构造图上仍为单斜、背斜、向斜。正因如此，在工区面积大或速度横向变化很大时，常速成图会造成假象，出现虚假构造，或者使地下实际存在的构造隐匿。

2. 变速成图法

在大面积工区或速度横向变化大的工区，即使是三维地震数据得到的时间构造图，其上构造形态也会发生畸变。图 2 - 5 - 11 是一个典型理论模型：工区地下有一个短轴背斜，如图 2 - 5 - 11(a) 所示；工区速度横向变化较大，沿这个背斜顶面的平均速度平面图如图 2 - 5 - 11(b) 所示，表明该区平均速度四周高、中间低，速度等值线是规则的同心圆。三维地震得到的时间构造图显示为一个单斜，如图 2 – 5 – 11(c) 所示。该单斜的时间等值线是互相平行的直线。也就是说地下的短轴背斜在时间构造图上变成了单斜，连一点构造的影子也没有了。从这个模型中我们可以看到，速度横向变化会使时间构造图上的构造形态变得面目全非。此时如用常速成图法，得到的深度构造图上构造形态仍然和时间构造图上一样，无法揭示地下构造真实形态。因此，在面积很大或速度横向变化大的工区应采用变速成图法，即按工区内各点实际平均速度作时深转换。

变速成图法要求先建立工区三维平均速度场，切出沿作图层面的平均速度图，将该平均速度与时间相乘，其积一半为深度，由此，便可作深度构造图，变速成图时深转换都通过计算机软件完成。

图 2 – 5 – 12 是新疆塔里木盆地利用变速成图法作构造图实例。其中图 2 – 5 – 12(c) 为深度构造图，图上的 D2 构造是已被钻探证实的含油气构造；在其时间构造图 2 – 5 – 12(a) 上根本看不到这个构造，该区沿作图层面的平均速度如图 2 – 5 – 12(b) 所示。

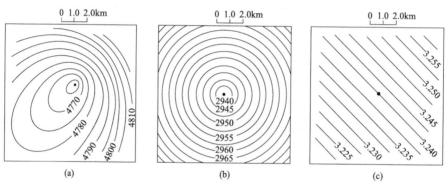

图 2 – 5 – 11　速度横向变化影响的理论模型 (单位：m)

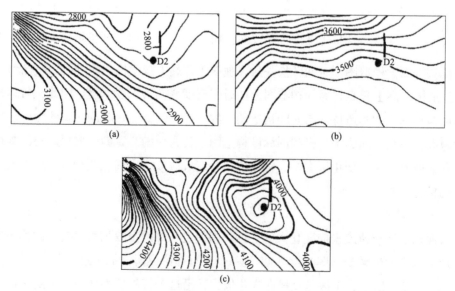

图 2 – 5 – 12　变速成图法作构造图实例 (单位：m)

四、地震构造图的地质解释

绘好构造图之后，应对构造图上的圈闭类型、断层要素及断裂带的划分作进一步解释，而且要对各局部构造进行含油气远景评价，并提供钻探井位。

1. 断裂系统的分析

根据构造图，要对断裂作系统的分析，包括对各级断层进行分类、编号，统计断层要素（表2-5-2）等，还要描述断层出现的构造部位、走向和断距的变化，断面倾角及可靠程度。根据断开层位和断层的切割关系，结合其他有关的地质资料，分析断层产生的地质年代、最大活动期及断层对油气生成、运移和保存的影响。

表2-5-2 断层要素

断层名称	性质	走向	长度/km	断面倾角/(°)	断开层位及时代	落差/m			可靠程度
						T_1	T_2	……	
A	正	NNE	720	50~60	中生界至古生界				可靠
B	正	NE	714	55	中生界	400~500	500~700	……	较可靠
……	……	……	……	……	……	……	……	……	……

2. 局部构造分析

通过制作各层构造图，可发现许多局部构造。为了便于统计和发现规律，可把同一层位的断层线和局部构造的圈闭线，绘在一张平面图上，得到构造圈闭类型图。在此图基础上，可对局部构造要素进行统计并划分断裂构造带，描述局部构造圈闭类型、所在层位、构造高点埋藏深度、闭合幅度、闭合面积及可靠程度。一些走向一致、彼此相邻的局部构造，往往呈条带状延伸，称为构造带。构造带的形成一般受主要断裂控制，也称断裂构造带。通过断裂构造带的划分，可以进一步了解区域构造特征及局部构造与断裂之间的关系。

3. 含油气远景评价

通过上述工作，我们发现了若干局部构造，为了提供钻探井位，还需要对构造进行含油气远景评价。为此应尽可能收集地质和其他地球物理资料，运用石油地质学观点，对工区生、储、盖等条件进行综合分析。

第六节 构造解释课程设计实例

一、精细构造解释课程设计

地震资料构造解释就是将地震时间剖面变为地质深度剖面。根据地震波运动学原理，利用地震资料提供的地震反射波旅行时、同相性及速度等信息，查明地下地层的构造形态、埋藏深度和接触关系等。最终目标是绘制地质构造图，搞清地下地层之间的界面信息，以及断层和褶皱的位置与空间展布等，寻找构造圈闭油气藏，确定地层含油气的可能性和储量大小，并为钻探提供井位。涉及软件包括地震解释类（如 Landmark，用于地震数据构造解释）、地质绘图类（如 Carbon，用于加载和分析井点资料）、成图类软件（如 Doublefox，用于绘制各类平面图件）等。

1. 实验区选择

实验区位于大庆长垣西部外围地区。区域构造位于松辽盆地北部大庆长垣以西，其勘探开发范围包括齐家－古龙凹陷、龙虎泡－大安阶地、泰康隆起带和西部超覆带 4 个二级构造单元。主要勘探开发目的层为黑帝庙、萨尔图、葡萄花、高台子、扶余、杨大城子油层。选择 100 口井作为实验用井，密度测井和声波时差测井曲线齐全。目的层段选择萨尔图油层、葡萄花油层和高台子油层，实验区面积为 340km²。

2. 课程设计流程

1）地震地质层位标定

地震地质层位标定通过依据给定声波时差曲线、密度曲线制作人工合成地震记录实现，层位标定是构造解释的基础。由于实验区目的层段跨度较大，各地层地震反射特征存在差异，层位标定过程中需要进行选井、选层（图 2－6－1），逐一完成所有井点合成地震记录制作和标定。此部分内容主要考核学生对地震记录形成过程的理解，涉及地震子波、地震频谱、主频和同相轴相关概念，需要学生通过实验理解地震子波波形、子波主频如何影响合成地震响应形态，理解地震波在实际介质中波形变化的主要影响因素，以及地震面貌形成本质。

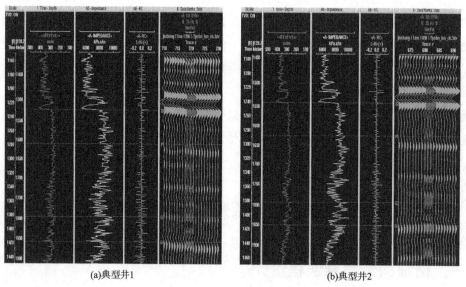

(a)典型井1   (b)典型井2

图 2－6－1　合成记录标定图

2）层位、断层闭合解释

层位、断层闭合解释是构造解释过程中最耗时的部分。需要学生熟练掌握地震解释软件操作，并能够针对具体地质问题完成目标层段解释。进行地震资料解释之前需要对研究区各目的层地震资料品质进行分析，沿层地震响应的平面变化可以对不同位置地震反射层位的追踪对比起到指导作用，对于地震资料响应清晰层位，可以采用井点标定后自动追踪，而对于地震反射不连续、地震反射强弱变化明显的层位，需要严格按照井点标定结果进行层位的追踪对比（图2-6-2）。闭合解释过程中利用波形变面积和彩色变密度等多种显示方式，对初步搭建的解释格局进行空间闭合。地震层位解释需要牢记波组特征一致性这一基本原则，结合钻井的地震合成记录，采用手工精细解释方法，解释密度从16CDP×16CDP逐级加密到8CDP×8CDP，4CDP×4CDP，…，1CDP×1CDP并对每一层次的解释密度进行严格质控。断层解释与层位解释同步进行，利用地震反射波组剖面、属性体结合方式依次识别主干断层和次级断层，以波组特征为前提，结合断层断面特征，严格处理好断层处的层位追踪空间匹配关系。

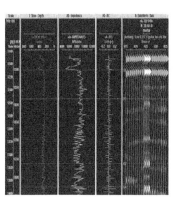
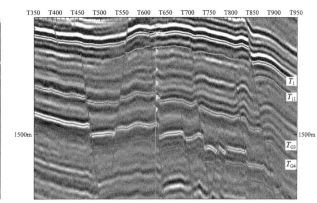

图2-6-2 井震标定投影剖面

该项课程设计内容主要考核学生对地震解释工具的使用情况，对地震层位断层闭合的理解程度。通过各方位测线精细解释对比，掌握目的层段构造形态特征和断裂发育情况（图2-6-3）。

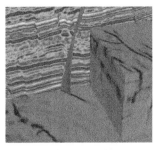

(a)水平切片   (b)剖面与相干体   (c)三维空间验证

图2-6-3 多角度层位断层解释

3)构造特征分析

构造特征分析部分需要完成速度场建立与绘制构造图内容。对于速度场建立部分，需要分析井点人工合成地震记录标定速度，建立全区范围内空变速度场。依据各井点合成地震记录标定结果获得单井点时深关系，在地震层位框架内进行速度插值，形成符合目的层构造趋势的空变速度场(图2-6-4)。对于绘制构造图部分，需要独立完成断裂系统图、等时间构造图和等深度构造图的绘制，考核对断裂组合样式、构造等值线反映构造特征的认知程度。该项内容可使用双狐地质成图系统(DoubleFox)软件完成。

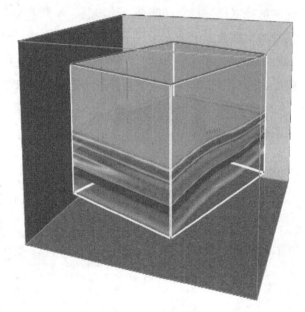

图2-6-4　空变速度场示意

3. 成绩评定标准

1)地震地质层位标定

选择的实验区内萨葡夹层、青山口组内湖相泥岩层、黑帝庙油层黑Ⅱ段大套的黑色泥岩层，可以作为层位标定时的标准层。在标准井标定的基础上，利用过单井、连井剖面进行多井闭合标定，做到井间地—地震层位的全区统一，与钻井分层相结合进一步确定地震解释层位，做到全区构造解释的一致、合理。此部分内容要求学生依据褶积模型制作各井点合成地震记录，并依据目标层段地震地质响应特征进行人工合成记录相关度分析。对于相关度较低的井，需要从两个方面进行重新处理：其一，分析该井实际的构造情况，若该井在某个层位穿过断层，分析原因为地层断失，造成速度不均衡，则地震合成记录相关系数低是正常的，该类型井的地震合成记录予以保留。其二，若相关较低的井未过断层，此时，应该从测井曲线，尤其是声波曲线入手，分析钻井过程中是否因泥岩垮塌造成井径扩大等，通过分析井径曲线，进行声波曲线校正，重新制作合成记录，最终要求各井点重新制作的地震合成记录相关系数得到提高，完成目标层段地震地质层位标定，并总结各反射层位地震特征。

2）层位、断层闭合解释

根据各反射层地震特征建立全区的层位解释框架，通过提取各层沿层振幅属性，分析各反射层能量分布，如T_{06}相当于黑帝庙油层Ⅱ油层组（黑Ⅱ）顶界面反射，为研究区的三级标准层，地震特征连续稳定，为强波峰反射，在研究区范围内反射能量表现为东部强、西部弱，北部强、南部弱特征［图2-6-5（a）］；T_{11}相当于萨尔图油层Ⅱ油层组（萨Ⅱ）顶界面反射，研究区的一级标准层，地震剖面上为连续性很好的强轴反射，地震反射时间在1000~1850ms，该反射层与其上一连续性很好的强轴形成平行的双轨反射特征，地震特征稳定，波组清晰，南北区差异不大［图2-6-5（b）］。任意线方向层位与断层空间闭合差在半个相位范围内即达到课程设计解释要求。达到闭合解释要求的层位平面能量连续性好，过渡自然。

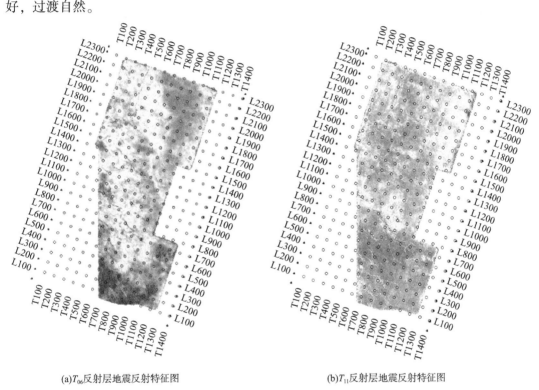

(a)T_{06}反射层地震反射特征图　　　　　　(b)T_{11}反射层地震反射特征图

图2-6-5　地震反射特征图示例

3）构造特征分析

综合利用井点时深与地震层位框架，完成空间速度建立。同时绘制各层面断裂系统图，学生通过对比各层断裂平面分布图，分析断裂发育特征等。要求学生能够依据地震层位解释结果绘制等时间构造图，并通过速度场转换为等深度构造图（图2-6-6）。综合地震剖面和构造图形态特征，绘制构造圈闭，并完成构造圈闭要素统计。

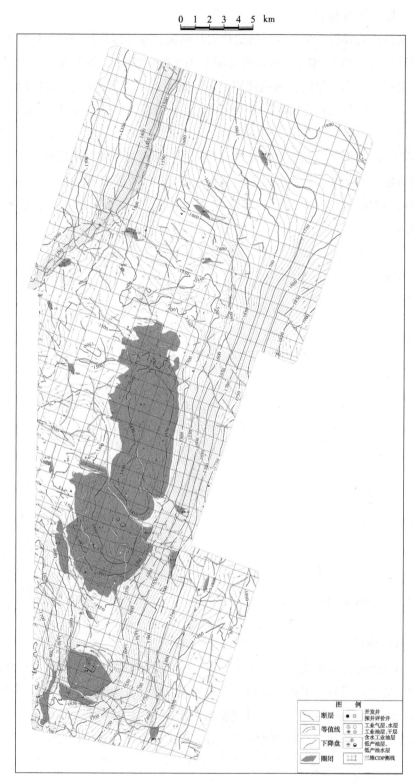

图 2-6-6　顶面构造图示例

二、断层质量校正课程设计

构造解释过程中断层形态的确定主要依据极少量的岩心及测井资料、分辨率有限的地震资料和少量动态监测资料。野外露头及大量"一井多断"井点揭示了断层复杂的空间结构，依据有限的资料进行地下断层空间结构预测必然存在很强的不确定性。为了培养学生地质思维指导下的断层解释实践能力，开展基于断层生长机制分析，定性、定量方法结合的断层质量校正课程设计实验，旨在为后续开展断层油藏综合实验奠定基础。

1. 实验区选择

大庆长垣背斜构造被众多以北西向展布的断层切割而变得复杂化。作为大庆油田主产区(占油田总产量的90%)，长垣构造特殊成因机制背景下的断层解释不确定性尤为突出。课程设计利用大庆长垣丰富的井震资料，选择地震资料分辨率高、井点资料丰富的长垣油田萨尔图、葡萄花油层主力层段，开展基于断层生长变形机制的断层质量校正实验，培养学生地质概念指导下的地震解释技能，最终达到提高学生专业工程实践能力目的。

2. 课程设计流程

此部分课程设计内容是在地震资料构造解释课程设计的基础上，学生已经掌握了层位标定、层位解释、断层解释方法后的拓展项目。结合学生理论知识学习层次和实验目的，课程设计内容包括断层几何要素分析、断层平面形态校正、断层垂向形态校正、新老断层形态对比四部分。首先依据教师提供的区域断层特征，统计目标断层断距、延伸长度、埋藏深度等数据，确定断层质量校正项目。对于需要平面校正的项目，依据断层－位移曲线、地震断层位移梯度曲线及地震平面属性和断层边部井点断点分布情况确定各反射层断层平面形态。对于垂向形态需要校正的断层，依据地震剖面地震波阻连续性、"一井多断"井点标定结果，地震剖面属性综合校正断层垂向形态。最终通过三维可视化方式进行断层质量校正分析，明确断层解释精度(图2－6－7)。

1)实验区断层特征分析

教师提供实验区地质背景资料，介绍实验区断层发育特征。学生在掌握区域地质构造背景的基础上开展目标断层几何要素数据统计，包括断层延伸长度、走向、断距、断层边部井点钻遇地层情况等。

2)断层平面形态校正

首先，从断层平面分段变形机制出发，依据断层几何要素数据分析断层平面校正方法。对于需要平面形态校正的断层，在垂直断层走向位置等间距选取地震测线，依次读取断层垂直断距，并绘制断层断距－位移曲线，依据断距曲线低值点发育部位选择断层平面分段点位置。其次，通过井点时深转换、标准层标定确定井上断点与断层相对位置，从断点组合情况分析断层解释合理性。最后，应用"三图一剖面"(地震沿层属性图、断距－位移曲线图、距离－转换位移图和垂直断层走向地震剖面)定性与定量结合识别断层平面分段阶段，实现断层平面组合校正，并结合位移梯度法校正断层平面延伸长度(图2－6－8)。

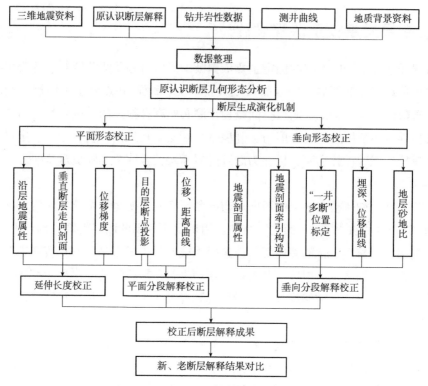

图2-6-7　断层质量校正流程

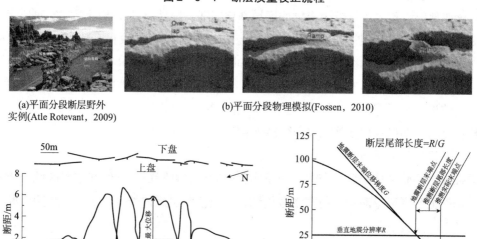

(a)平面分段断层野外
实例(Atle Rotevant, 2009)

(b)平面分段物理模拟(Fossen, 2010)

(c)平面分段断层断距-位移曲线对比图(Willimse et al., 1997)

(d)断层尾部长度计算方法(Rotevant et al., 2011)

图2-6-8　断层平面分段模式及校正方法

3）断层垂向形态校正

首先，结合井点、地震资料剖面特征和断层垂向生长机制指导，确定断层垂向分段解释模式(图2-6-9)。应用埋深-断距曲线和小层精细对比连井剖面定量表征断层活动期次，并应用"两图一标定"（埋深-断距曲线图、垂直断层走向地震剖面和"一井多断"井点时深转换标定)确定断层垂向分段生长类型。其次,统计靶区目的层段砂地比(井),分析岩层能干性差异,搞清断层垂向分段部位,并辅助地震剖面属性分析完成断层垂向形态校正。

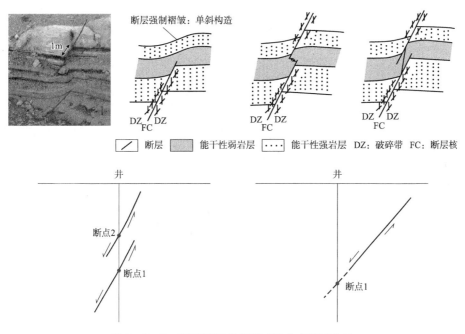

图2-6-9 断层垂向分段模式及井点校正方法

4)断层质量校正效果分析

综合断层平面修订与垂向修订结果,完成新老断层对比分析。

3. 成绩评定标准

学生能够根据教师提供的井点和断层数据,进行断层平面形态校正,包括断层平面分段情况和断层延伸长度校正。断层平面分段情况需要依据断层断距-位移曲线和地震属性及井点时深转换结果标定断层平面形态。断层延伸长度依据位移梯度线预测(图2-6-10)。最终确定三个给定层面断层平面形态。要求学生能够利用断层边部井点时深转换后,与地震数据对比分析,明确不同层面断层平面形态及演化规律。

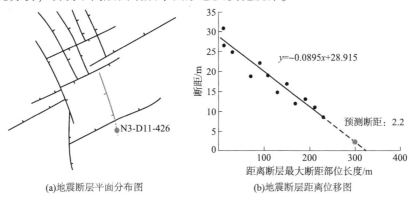

(a)地震断层平面分布图 (b)地震断层距离位移图

图2-6-10 断层延伸长度校正图例

断层垂向形态校正要求学生能够确定垂向分段部位、选出垂向分段特征剖面。通过教师提供的区域地层塑性层段发育位置，观察地震现象，确定地震同相轴特征，选出断层垂向分段发育测线范围；并结合断层边部"一井多断"井点位置处断点深度投影，进行断层垂向分段形态校正，要求能够确定垂向分段断层形态特征和断层垂向延伸长度(图2-6-11)。

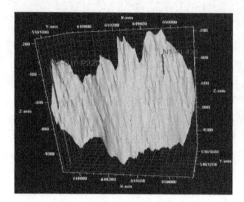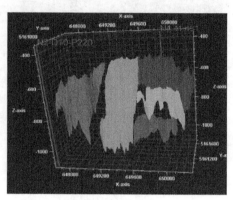

(a)原断层解释效果　　　　　　　　　　　(b)质量校正后解释效果

图2-6-11　单一断层分段解释校正对比图

第三章 地震地层学解释

随着地震勘探技术的发展，地震资料的信噪比、分辨率、成像的准确性都获得了极大的提高，由于地震资料包含大量地下地质信息，覆盖面广，具有三维特性，这项技术的使用越来越受到石油工作者的重视，如何利用地震资料研究地下地质构造、地层特征？如何进行储层预测、油藏描述？如何进行油藏、含油气层的预测？这些问题促使地球物理学家、地质学家开发应用了一系列地震地层学解释方法和地震储层预测技术，如地震资料反演技术、地震属性分析技术、AVO 分析技术，这些技术充分利用测井、钻井、地震的长处，大大提高了钻探成功率，有效地指导了油田开发。

地震地层学是一门利用地震资料研究地层和沉积相的学科，它利用地震剖面上反射波组产状、外形、振幅、连续性等特征划分不同类型的地震相，进而研究地层层序及其分布、沉积相或沉积体系类型与展布以及预测有利油气聚集带等。因此地震地层学是地震资料地质解释的一个方面，即利用沉积学观点解释地震剖面中存在的地层岩性信息。

地震地层学解释工作主要包括地震层序分析和地震相分析。

第一节 地震层序分析

一、地震层序的概念

地震层序分析的目的是划分出时代地层单元——地震层序。地震层序的划分为地震相的划分打下了基础。

地震层序是沉积层序在地震剖面上的反映。在地震剖面上，顶底被不整合或与之对应的整合限定的、内部连续的成因上有联系的一套地层，称为地震层序，所对应的地层单位也叫沉积层序，常简称为层序。地震层序的最小厚度往往要大于或等于两个同相轴，否则无法识别其顶底不整合。它是地层划分、对比、相分析、层序地层学研究最基本的单元。

地震地层学解释的一个重要基础是对产生反射的地质因素的理解。除流体界面(油－水、气－水)可能穿过地层外，地震反射是沿地层层面或不整合面的重要波阻抗(密度－速度)变化的响应。地层层面是代表残留沉积作用面的那些层状接触面，而不是人为确定的岩石地层界面。

不整合面是代表地质历史记载中时间间断的侵蚀面或无沉积面。不整合面之所以能产生反射，是因为它们通常分隔具有不同物理性质或产状的地层。此外，不整合面以下的地层往往遭受风化剥蚀，会形成波阻抗差界面。由于沿不整合面的时间间隔或间断一般是变化的，所以对应于不整合面的反射是穿时的。尽管如此，不整合面以下的所有地层都比其上覆地层老。这样，不整合面之间的地层便组成了时间－地层单元。不整合面与其下伏和上覆地层层面之间通常有一夹角。在不整合面之下的地层遭受侵蚀作用以某一角度削减的部位，便会出现角度不整合。不整合面(角度的或非角度的)以上的地层与其下伏不整合面或平行，或呈一角度关系(顶超、下超、上超)(图3－1－1)。在不整合面上、下地层平行(或整一)的地方，其不整合关系可以用古生物或同位素资料来证实，也可通过横向追踪，直到地层界面地震反射出现不整一关系来验证。

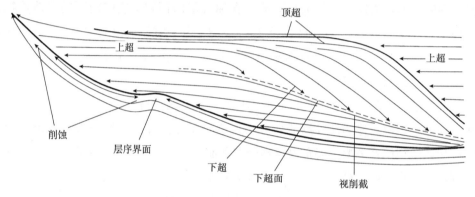

图3－1－1　地震反射终止示意图

地层层面代表了沉积体系(能量、沉积速率、环境)的一致变化，地层层面是沉积作用面，其地震响应便是年代地层的反射。反射产生于那些具有波阻抗差异的层面。当然，应当认识到，由于地震分辨率的约束(取决于波长和频率)、相位干涉及其他物理条件的限制，并不是每个地层层面都有一个单独的地震反射与之对应，来自地层层序的地震反射波可能代表单个特定的地层层面，也可能代表若干地层响应的总和(或平均)。因此，地震反射是地层界面的结构、连续性、波阻抗差异和其他物理性质的综合效应。

二、地震层序分级

按照地震层序规模的大小，可把沉积层序划分为二级，即超层序和层序。

(1)超层序：从水域最大到最小时期沉积的地层层序。它往往是区域性的，并包括几个层序。据 Vail 等分析，大部分超层序是在海面相对变化的二级周期（超周期）时沉积的。

(2)层序：超层序中的次一级地层单元，水域相对扩大和缩小，它可以是区域性的，也可以是局部的。

有时根据需要也可以把几个层序称为一个层序组，把几个层序组称为一个超层序。

三、地震层序划分

利用地震剖面划分层序时，主要依据反射波的终止(消失)现象。

根据地质事件在地震上的响应划分为协调关系和不协调关系两种类型。协调关系相当于地质上的整合接触关系，不协调关系相当于地质上的不整合接触关系。根据反射终止的方式区别为削蚀(削截)、顶超、上超和下超4种类型(图3-1-1、图3-1-2)。它们的地震反射特征及其地质意义如下。

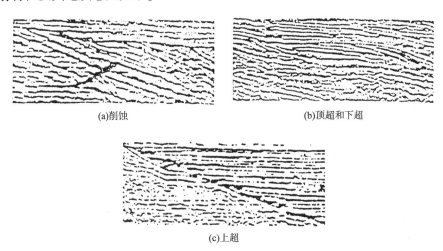

(a)削蚀 (b)顶超和下超

(c)上超

图3-1-2 地震剖面中的削蚀、顶超和下超、上超

1. 削蚀(削截、侵蚀)

层序的顶部反射终止，既可以是下伏倾斜地层的顶部与上覆水平地层间的反射终止，也可以是水平地层的顶部与上覆地层沉积初期侵蚀河床底面间的终止。它代表一种侵蚀作用，说明在下伏地层沉积之后，经过强烈的构造运动或强烈的切割侵蚀。削蚀是划分地震层序最可靠的标志。

2. 顶超

下伏原始倾斜层序的顶部与无沉积作用的上界面形成的终止现象。它通常以很小的角度，逐步收敛于上覆底面反射上。这种现象在地质上代表一种时间不长的与沉积作用差不多同时发生的过路冲蚀现象。顶超与削蚀的区别在于它只出现在三角洲、扇三角洲沉积的顶积层发育地区。

顶超与削蚀属地层与层序上界面的关系。

3. 上超

层序的底部逆原始倾斜面逐层终止。它表示在水域不断扩大的情况下逐层超覆的沉积现象。根据距离物源远近，上超又可以区分为近端上超和远端上超。靠近物源称近端上超，远离物源称远端上超。只有当盆地比较小而物源供应充分时，沉积物才可能越过凹陷中心到达彼岸，形成远端上超。

4. 下超

层序的底部顺原始倾斜面，沿下倾方向终止。下超表示一股携带沉积物的水流在一定方向上的前积作用，意味着较年轻的地层依次超覆在较老地层的沉积界面上，反映水退或水进的沉积现象。需要注意的是，下超经常不指示不整合现象。

上超与下超是无沉积作用或沉积间断的标志。上超与下超是地层和层序下部边界的关系，当地层受后期构造运动影响而改变原始地层产状时，上超与下超往往不易区分，可统称为"底超"。

Brown 和 Fisher(1979)根据反射终止与不整合面的关系，区分为侵蚀型不整合面与沉积型不整合面(图 3 - 1 - 3)。他们把 Mitchum 等划分的削蚀称侵蚀型不整合，而将顶超、上超和下超都归结为沉积型不整合。这种成因上的分类与不整合面的性质联系起来，更富于地质意义。如果沿不整合面追踪分析时间序列，则可以估算沉积间断值的大小，由上述讨论中可以看出，在对待分层标志的不整合面上，地震地层学的概念和传统的不整合概念，有着明显的不同。除角度不整合、非整合和侵蚀不整合外，在地震剖面中，还在地层内部发现众多的上超式的超覆不整合和下超式的不整合。

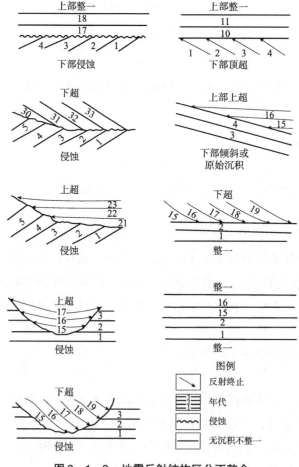

图 3 - 1 - 3　地震反射结构区分不整合

地震层序的划分应遵循下列原则和工作步骤：

(1)选择连井基干剖面，进行地震层序的层位标定。应尽量选择穿过整个沉积盆地的区域大剖面，尤其要包括盆地边缘部分以便利用反射终止特征识别和追踪不整合；尽量选择过井剖面，对地震反射层所对应地质层位进行标定，建立起地震反射与地质分层之间的对应关系。

(2)坚持以不整合面来划分层序的顶、底界面。除非有精确的古生物资料，否则应杜绝用钻井岩性和电性分层来确定地震层序边界的做法，因为岩电分层一般是岩性地层单元。

(3)参考钻井资料，划分沉积旋回。每一个沉积层序对应了一个或多个沉积旋回，代表盆地发育过程中的某一特定阶段。划分层序是恢复区域构造运动和盆地发育史的基础。钻井岩心所确立的沉积旋回相对较小，这对于构造复杂区域或缺乏地震标志层地区的层序分级是有较大帮助的。层序或亚层序的确立应认真分析参考该地区的构造发育史。

(4)参考大套地层的反射波动力学特征，进行层序划分。当盆地内地震剖面上缺乏不整合面时，可以用大套地层的反射波动力学特征作为参考标志进行层序或亚层序的追踪。条件是上下两个层序(或亚层序)内部反射的振幅、频率或连续性有明显差别且这种差别横向变化不大，这种方法亦可用于断层两盘的层序对比。

综上所述，要划分地震层序关键在于取得高质量的并横穿整个沉积盆地的区域性地震剖面，然后从盆地边缘识别不整合现象，再向盆地中央追踪。因为一般在盆地中央很少见到不整合，难以划分合适的时间地层单元。

四、地质分层、地震分层与层序地层分层的关系

(1)地质分层是根据钻井取心的岩性、古生物及其他特征作出的分层界限。一般情况下，大量的地质分层是依据测井曲线特征得出的。从地质分层上看，尽管人们努力从古生物解释方面明确地层的时代（时间）界面，但是由于资料获取方面的困难，实际上，除了代、纪、世级的分层外，在更细的分层上，还必须依靠测井资料确定的岩石地层单元。在某些地区或某些地段，它们的穿时现象是十分明显的。不克服这些弱点，将会给油气勘探带来重大影响。

(2)地震分层是根据剖面中的连续强相位确定的。多年来每个探区都已形成一套统一的波组划分方案，并指导着地震解释和油气勘探。不过它们主要用来进行构造解释。地震分层的波组划分，在多数情况下是和主要的地质分层界面一致的，然而，有两种情况经常出现，并造成地层学解释上的困难。一是某些地震波组只是明显的层序内部的物理界面，而不是更有地质意义的层序界面(它们有时是不十分明显的)；二是出于构造解释的要求。在野外施工或室内处理上，采用了不适当的频带宽度及不适当的处理程序，人为地制造了一些又黑又粗的反射同相轴。这样虽然突出了某些同相轴，便利了构造图的编制，却模糊

或压制了具有更重要的地质意义的层序界面。

（3）层序地层分层则是为了满足地层学和沉积学研究，根据地震反射特征提出的分层意见。尽管上述 3 种分层方案应当是统一的，然而由于客观地质现象的复杂性、地震资料垂向分辨率的限制，以及其他技术上的原因，在目前状况下，要做到完全统一还有困难。

因此，从层序地层学研究的需要出发，适当地提高频率，适当地选择叠加速度，适当地作子波处理，选择合适的叠加方式、精细的静校正及正确的处理程序，尽可能地排除噪声，尽可能多地显示出地下反射界面，应当成为当前地震工作中的重要任务。当然，即使如此，也还会有某些重要层序不能被识别和划分。在这种情况下，结合测井曲线编制精细的地质和地震模型，结合 VSP（垂直地震剖面）资料，取得对地层细节的了解是十分重要的。

第二节　地震相分析

一、地震相的概念

地震相是由特定地震反射参数所限定的三维空间中的地震反射单元，是特定沉积相或地质体的地震响应；它是地震层序或亚层序的次级单元，一个层序或亚层序中可包括若干种地震相。

地震相分析是根据地震资料解释岩相和沉积环境。在识别出地震相单元以后，确定出它的边界，绘制地震相图，并通过其他地质、钻井、测井资料说明产生地震相特征的沉积特征。也就是说，根据一系列地震反射参数确定地震相类型，并解释地震相所代表的沉积相和沉积环境。

地震相解释取决于解释人员对沉积作用、岩相组成、几何形态和空间边界条件的理解。比起构造解释，地震相解释的主观因素更大。因此，在根据地震反射资料作地震相解释之前很需要具备常规构造解释和盆地分析经验，也就是用"沉积观点"来思考问题。

在地震相分析中，最常用的地震相参数包括内部反射结构、外部几何形态，地震反射的连续性、振幅、频率、层速度及平面组合关系等。

Vail 等（1977）列举了地震地层学解释中使用的主要参数及其地质解释（表 3-2-1）。他们指出，反射结构在成因上主要是地质作用的产物，其与沉积作用、原始沉积古地形和水深、侵蚀作用及后来出现的流体接触面等有关。反射波连续性取决于沿层面的波阻抗差的连续性，层理的连续性直接与沉积作用和沉积环境有关。反射波振幅主要受地层层面的波阻抗差大小控制，层内流体的速度差异也会使地层的波阻抗差进一步增大。反射波频率与震源有关，并会受地层厚度的影响。由地层中流体引起的速度横向变化和地层厚度的横向变化都会影响频率。层速度是地震资料处理中的关键因素，可提供有关岩性、孔隙度和流体成分的信息。

表 3 – 2 – 1　地震相参数及其地质解释

地震相参数	地质解释
反射结构	①层理模式 ②沉积作用 ③侵蚀作用和古地形 ④流体接触面
反射波连续性	①界面连续性 ②沉积作用
反射波振幅	①波阻抗差 ②地层界面 ③流体成分
反射波频率	①地层厚度 ②流体成分
层速度	①岩性估计 ②孔隙度估算 ③流体成分

二、地震相划分标志

地震相的划分主要是依据上述的各种地震相参数，它们所反映的沉积相特征如下：

1. 几何参数

1) 内部反射结构

地震剖面上层序内反射波之间的延伸情况和相互关系称为内部反射结构，它是鉴别沉积环境的最重要的参数。内部反射结构包括平行或亚平行反射结构、发散反射结构、前积反射结构、杂乱状结构及无反射结构(图 3 – 2 – 1)。

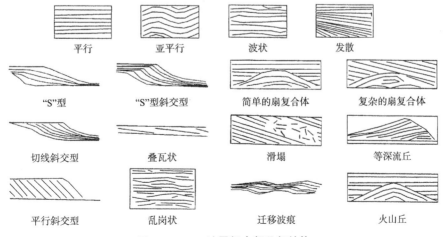

平行　　　亚平行　　　波状　　　发散

"S"型　　　"S"型斜交型　　　简单的扇复合体　　　复杂的扇复合体

切线斜交型　　　叠瓦状　　　滑塌　　　等深流丘

平行斜交型　　　乱岗状　　　迁移波痕　　　火山丘

图 3 – 2 – 1　地震相内部几何结构

（1）平行或亚平行反射结构是指反射层水平延伸或微微倾斜，它是在均匀沉降的陆棚或均匀沉降的盆地中，由匀速的沉积作用形成（图3-2-2）。

（2）发散反射结构往往出现在楔形单元中，相邻两个反射层的间距向同一方向逐渐倾斜，它反映在下陷中的不均衡沉积。

（3）前积反射结构反映某种携带沉积物的水流，在向前推进过程中，由前积作用产生的反射结构。一般可分顶积层、前积层和底积层。这一大类地震相在地震剖面上是最容易识别的。在顺倾向剖面上，这些反射与其上、下反射相比都是倾斜的（图3-2-3），并向盆地方向进积。这种地震相是在陆棚－台地或三角洲体系向盆地迁移过程中形成的地震响应。

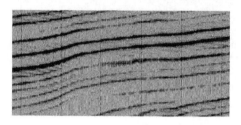
图3-2-2 平行和亚平行反射结构

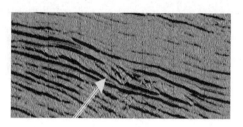
图3-2-3 向盆地方向的前积结构

前积结构多种多样，包括斜交型、"S"型、叠瓦状和复合－混合型，但基本类型则为斜交型和"S"型，它们可在同一前积体中出现，反映相对海平面或沉积速率的变化。

斜交型结构的标志是斜坡地形反射的顶超终止（图3-2-4）。倾斜的反射在上倾方向对着陆棚－台地或三角洲台地的平行－发散反射层底部突然终止。底部下超（或底超）终止可从高角度变化到相切。相反，"S"型结构缺少顶超终止，反射可向上倾方向追踪到平行－发散的浪蚀地形反射（图3-2-5）。

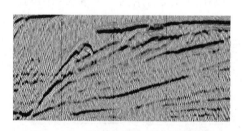
图3-2-4 斜交型特征的前积结构

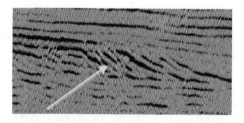
图3-2-5 具"S"型特征的前积结构

前积反射结构在垂直走向和顺走向剖面上具有不同的形态。在垂直走向剖面上（图3-2-6），前积体内地震相显示亚平行、通常为乱岗状到丘状的结构，若前积体具有扇形几何形态则会出现斜坡反射和丘状结构。在顺前积体走向（图3-2-7），地震相则呈现为"S"型特征，在上倾方向顶超终止，而在下倾方向，由于开始相变为盆地平原，则显示为亚平行、连续到间断的乱岗状斜坡反射和丘状结构。

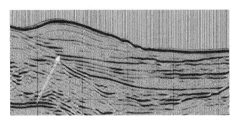

图3-2-6　垂直物源方向的前积结构　　　　图3-2-7　顺物源方向的前积结构

前积地震相展现出特有的反射结构、几何形态及横向和边界关系，其地震剖面特征可概括为：一般情况下，"S"型连续性最好且反射振幅强，斜交型反射振幅较弱且连续性最差。斜交型前积常与三角洲体系有关，"S"型地震相则一般在陆棚或台地边缘前积时期形成。因此，推论斜交型前积产生于高能的三角洲沉积，而"S"型地震相代表低能沉积，一般情况下高能沉积体系砂岩含量更高。

(4)杂乱状结构是不连续的、不规则的反射结构，可以是地层受到强烈变形，破坏了连续性之后造成的，也可以是在变化不定的环境下沉积的，如滑塌岩块、河道切割与充填体、大断裂和地层褶皱等。

(5)无反射结构反映了沉积的连续性，如厚度较大、快速和均匀的泥岩沉积，或均质的、无层理、高度扭曲的砂岩、泥岩、岩盐、礁和火成岩体等。

2)外部几何形态

外部几何形态是指地震相单元的外形，它对了解单元的生成环境、沉积物源、地质背景及成因有重要意义。它可分为以下几种类型(图3-2-8)：

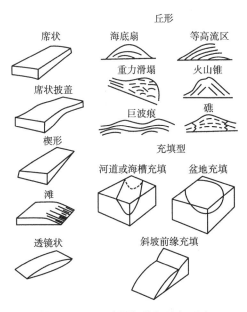

图3-2-8　地震相外部几何形态

(1)席状，是一种长度和宽度远大于厚度的席状外形的地震相单元，其分布范围较大。

它的主要特点是上、下界面接近平行，厚度相对稳定。内部反射可以是平行的、发散的或前积的。它一般反映均匀、稳定、广泛的前三角洲、浅海、陆坡、半远洋和远洋沉积。

（2）席状披盖，是均一的低能量的、与水底起伏无关的深海沉积造成的。一般沉积规模不大，往往出现在礁、岩丘、泥岩穿刺、生长断块或其他古地貌单元之上。

（3）楔形，是一种横向上变薄、呈楔状尖灭的地震相单元。它常常超覆在海岸、海底峡谷侧壁、大陆斜坡侧壁的三角洲、浊积层和海底扇上。

（4）滩，是楔形的变种，滩形沉积一般出现在陆棚边角或台地的边缘。

（5）透镜状，多为古河床沿岸砂体，在沉积斜坡上也可见到。主要特点是中部厚，向两侧尖灭，外形呈透镜体。

（6）丘形，绝大多数丘形不是在碎屑或火山沉积过程中形成，就是在有机物生长过程中形成的，并在其沉积表面上形成突起的外形。丘形包括礁、海底扇、重力滑塌、火山锥、等高流量及巨大波浪等形成的沉积体。

（7）充填型，是在古地形洼地上形成的沉积体，它包括河道或海槽充填、盆地充填、斜坡前缘充填等。

2. 物理参数

1）反射波振幅

反射波的振幅会随波阻抗差变化而变化，根据振幅的大小可分为强、中、弱3级。振幅的快速变化说明两组地层之中的一组的性质发生了变化，它往往发生在高能沉积环境中。相反，振幅在大面积是稳定的，说明地层和上覆、下伏地层岩性之间连续性良好，往往产生在低能沉积环境中。

2）反射波的连续性

连续性直接与地层本身的连续性有关，连续性越好，沉积环境的能量越低，沉积条件就越稳定。按同相轴连续排列的长短分为好、中、差3类：①连续性好，同相轴连续性长度大于一个叠加段；②连续性中等，同相轴连续长度接近二分之一叠加段；③连续性差，同相轴连续长度小于三分之一叠加段。

3）反射波波形（同相轴的形状）

按同相轴排列组合的形状分为杂乱、波状、平行及复合波形：①杂乱波形，同相轴短而无规律；②波状波形，同相轴排列呈波状；③平行波形，相邻同相轴排列接近平行；④复合波形，上部波状，下部平行。波形形状稳定或变化缓慢，说明地层稳定，往往产生在低能沉积环境中。如果波形快速变化，说明地层变化迅速，往往产生在高能沉积环境中，如河道沉积，夹带"砂坝"和裂隙的三角洲平原沉积及接近于浊流和浊流中间的沉积都可以见到这种情况。

4）反射波频率

按相位排列稀疏程度分为高、中、低3级。频率横向变化速度快说明岩性变化大，属高能沉积环境；相反，频率变化不大，属低能沉积环境。

振幅、频率、连续性、波形的分类如图3－2－9所示。

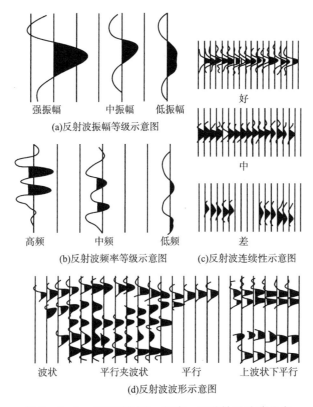

图3－2－9　反射波振幅、频率、连续性及波形分类

三、地震相命名

根据以上几种主要标志对所研究的地震相单元命名，为了避免繁杂的弊病，一般采用突出主要特征的复合命名法，在地震相参数中，反射结构和外形最为可靠，连续性和振幅次之，一般频率可靠性最差。因此，在地震相命名时，应以结构和外形为主，辅以连续性、振幅、频率等，原则如下：

（1）分布较局限，具特殊反射结构或外形的地震相，可单独用结构或外形命名。如充填相、丘状相、前积相等。也可以将连续性、振幅等作为修饰词放在前面，如强振幅中连续前积相。

（2）分布面积较广，外形为席状，反射结构为平行、亚平行时，可主要用连续性和振幅命名，如强振幅高连续地震相。

四、地震相分析

地震剖面经划分地震层序后，要对每一个时间地层单元进行相的分析，在横向上划分出若干个地震相单元。

在地震剖面上一般先分析地震相的几何参数，识别各地震相所处的不同沉积环境，弄清各时期沉积物的来源方向。然后分析地震相的物理参数，找出反射特征横向变化规律，把各种地震相的具体界线在地震剖面上划分出来。

划分出地震相单元的地震剖面，还要进行平面分析对比，并把它投到测线平面图上。相邻测线地震相单元经测线闭合后，就可以把相同的地震相单元在平面上连接起来，编制出一张地震相在平面上变化的地震相平面图。

地震相的地质解释就是解释地震相所反映的沉积环境，把地震相转为沉积相，因此也称为地震相转相，如图 3 - 2 - 10 和图 3 - 2 - 11 所示。为了提高地震相地质解释的准确性，应充分分析钻井和地质资料并进行综合分析。

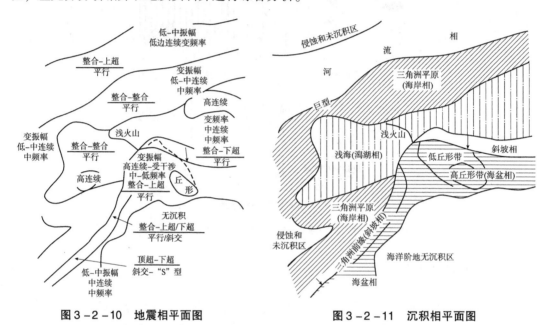

图 3 - 2 - 10　地震相平面图　　　　图 3 - 2 - 11　沉积相平面图

地震相地质解释方法一般流程如下：

1. 建立沉积模式

利用区域地质资料，建立大区域的沉积模式，作为解释本区地震相的骨架。各地震相单元之间的关系在解释地震剖面中占很重要的位置。成因上有关系的地震相可以组成一定的沉积体系，反之，一定的地震相单元必然出现在一定的环境和构造背景中。关于与各种地质沉积环境相对应的地震相的特点，初步总结出下面几条规律：

（1）在陆棚上，地层产状一般是平行的，仅反射振幅和连续性有所不同，振幅强且连续性好时，说明岩性的软硬对比度大，灰岩、砂岩和页岩的可能都有，为高低能量互层，振幅弱且连续性差则说明对比度差，岩性较单一，如在盆地内大致是页岩，在陆棚高处是砂岩，如振幅多变，连续性差，一般是陆棚相地层。

（2）在陆棚边缘斜坡，反射倾角变大，沉积地层主要是页岩，在低能情况下，地层呈"S"型向深海推进，在高能情况下，地层较陡，呈倾斜型向深海推进，其内部有交角和反射中断现象。

（3）在深海，低能情况只是一些薄层状的页岩沉积，高能情况可以形成很厚的"山丘状"上倾尖灭砂层堆积在深海处。

（4）陆上地层一般反射较乱，变化多端，在古地貌高处是冲积扇沉积，反射陡而差，到河流蛇曲带含砂量大于60%，反射仍然很乱，到河流出海处的过渡带是砂泥岩互层，最后转为海相页岩。

2. 进行单井划相

利用盆地内少量钻井取得的地质资料和盆地周围测量的地质剖面，进行单井或剖面划相，确定不同地震层序在钻井或剖面附近的沉积相，以此作为盆地内地震相解释的依据。

3. 寻找前积反射结构

在地震剖面上，最容易识别、环境意义最明显的反射结构是前积结构。大型前积结构一般与三角洲伴生，能指示盆地主要物源和主要水流方向。在陆相断陷盆地还能找到一些中、小型前积结构，反映冲积扇、近岸水下扇和浊积扇。前积结构常常构成盆地的地震相格架。常见有"S"型、斜交型、"S" - 斜交复合型、叠瓦状、帚状、杂乱和前积 - 退积等7类前积结构类型。现将后3类地震相介绍如下：

（1）帚状前积结构。其内部反射从一侧出发，呈放射状沿下倾方向发散，下超于下伏地层之上。解释为陡坡下的快速堆积体，如近岸水下扇、冲积扇等。

（2）杂乱前积结构。内部反射不连续，但总体具有向前积斜坡倾斜的优选方位，指示了沉积时的物源方向。它是以砂、砾为主的高能环境沉积物快速前积的结果，一般解释为近岸水下扇或扇三角洲。

（3）前积 - 退积结构。一种特殊类型的前积结构。下部为"S"型前积，在平坦湖底下超，上部隐约可见退覆反射。钻井证实为以砂岩为主的近岸水下扇堆积，从下向上粒度显示细 - 粗 - 细变化，反映扇进 - 扇退完整旋回，退覆面为一斜坡，上有披盖反射。

以上3种结构反映了明显不同的沉积地形：帚状前积结构最陡，杂乱前积结构次之，前积 - 退积结构最缓。

4. 划分非前积反射结构

除前积反射结构外，剖面上还有大量的其他反射结构需要划分，如平行、发散、波状等。它们一般是垂向上加积作用形成的，有的分布范围大，可穿过几个相带，与前积结构相比，环境解释比较困难，往往需要综合更多的资料。

（1）平行结构：一般出现在凹陷中央，多见于联络测线（平行凹陷轴线的测线）。特点是同相轴平直、光滑且互相平行。这种结构意味着均一、低能的沉积环境，通常为深湖、半深湖相沉积所特有。

（2）亚平行 - 波状结构：多见于凹陷缓坡及古隆起顶部。特点是局部看同相轴弯曲，不光滑，甚至呈蠕虫状，但总体上看同相轴大致是平行的，这种结构反映了横向上沉积能量的变化，包括多种沉积环境，如滨浅湖、浅滩、冲积平原、三角洲平原及三角洲间湾等，是最难解释的一种反射结构。

（3）发散结构：多见于断陷主测线（垂直凹陷轴线的侧线），其特点是低层横向均匀加厚，内部发散在同一个方向上出现层间。反映沉积时基底的差异沉降作用。

（4）杂乱结构：多见于断陷盆地边界断层根部，是一些不连续、不整一的反射，内部缺少有序列的波阻抗界面。反映粗杂沉积物的高速堆积，可解释为冲积扇或近岸水下扇。

（5）无反射结构：这种反射结构也是常见的。块状砂岩、块状砾岩和块状泥岩都表现为这种结构。前两者一般见于大断层根部，后者常分布于凹陷内部。

5. 确定反射结构的空间形态

外部形态也是一个重要的地震相标志。不同的沉积或沉积体系，在外形上是有差别的。即使是相似的反射结构，往往因为外形不同，也反映了完全不同的沉积环境。反射结构的外形参数，常能减少地震相单元可能的地层解释方案。

席状和楔形是陆相断陷湖盆最常见的地震相单元。席状相单元内部通常为平行、亚平行或波状结构，可代表深湖、半深湖等稳定沉积环境和滨浅湖、冲积平原等不稳定沉积环境。跨越箕状断陷湖盆的楔形相单元包括各种相带，相分析意义不大；楔形相单元内部若为前积反射结构，常代表扇三角洲；若分布在同生断层下降盘，而且内部为杂乱、空白、杂乱前积或帚状前积，则是近岸水下扇、冲积扇或其他近源沉积体的较好反映。

丘状外形在断陷盆地边界也很常见。大型的二维丘状相单元内部常有双向下超反射。可解释为"双向前积"，为三角洲走向剖面特征；扇三角洲的走向剖面也常显示丘状；湖盆内部的中、小型三维丘状体，特别是在其顶面有披盖反射出现时，是浊积扇的极好标志。

充填外形的判别标志是下凹的底面，它反映了冲刷－充填构造或断层、构造弯曲、下部物质流失引起的局部沉降作用。内部充填可以是不同沉积环境的产物。其内部可表现出各种反射结构。充填模式常见于断陷盆地。

6. 反射结构与外形组合的合理性分析

自然界的沉积环境是多种多样的，在特定的沉积环境下形成的岩相组合，有特定的层理模式和形态模式，因地震相单元是沉积相单元的波阻抗图像，这将导致纵横剖面反射结构和外形的特定组合。基于这种想法，可对识别的各个地震相单元的走向、倾向反射结构和外形进行组合关系分析，以排除地震陷阱或人为的错误解释，这对那些构造复杂的断陷盆地尤为重要。

分析的一般原则是能量水平必须匹配，即同一沉积的反射结构的外形，必须是同一能量级，代表高能环境的反射结构和外形不能与代表低能环境的反射结构和外形匹配，反之亦然。

各种内部反射结构对应的能量水平关系是：

（1）平行结构——低能。

（2）亚平行－波状结构——从中能到高能变化。

（3）发散结构——从低能到高能变化。

（4）前积结构——高能。

（5）杂乱结构——高能到极高能。

地震相单元外部几何形态对应的能量水平是：

（1）席状——从低能到高能变化。

（2）楔形——从低能到高能变化。

（3）丘状——高能。

（4）充填型——从低能到高能变化。

这些关系可供分析时参考，详细的组合关系分析应根据对现代沉积体系的观察进行深入研究。

7. 连续性、振幅和频率分析

在完成反射结构和外形的识别与组合关系合理性分析之后，应当在地震相单元内进一步进行反射物理特征的分析。物理特征，如连续性、振幅和频率，其意义虽不如几何特征简单明了，但其变化仍直接与岩相变化有关。物理特征分析是刻画细微岩相变化的一个重要手段，这对于多解的反射结构，如平行和发散结构尤为重要。

从物理上说，物理参量的指相意义是清楚的，它们的变化指示了沉积能量的变化。

（1）连续性——直接与地层本身的连续性有关；连续性越好，越表明地层与相对低的能量级有关；反之，连续性越差，反映地层横向变化越迅速，沉积能量越高。

（2）振幅——直接与波阻抗差有关。振幅大面积稳定暗示上覆、下伏地层的良好连续性，反映低能级沉积；振幅快速变化通常表示上覆和（或）下伏地层岩性快速变化，是高能环境的反映。

（3）频率——影响因素比较复杂，但在去除埋深和资料处理参数的影响后，一般也与岩性组合有关。含大量薄砂层的地层通常比泥岩层视频率高。视频率的快速横向变化也说明了岩性的快速变化，因而是高能环境的产物。

但实际上，反射物理特征的分析往往效果不理想。一个重要原因是物理参量难以定量化。对于地震相的认识，目前尚未形成一致意见。解决这一问题的有效办法是建立物理参数图版和地震相图版，使物理参数的地震相分析直观化。

物理参数图版是反映连续性、振幅和频率各自单独变化的直观图。这种变化的判断是定性的，以肉眼能够识别为限。例如，可将物理参数划分成如下类型：

（1）连续性——高、中、低。

（2）相对振幅——强、中、弱。

（3）视频率——高、中、低。

将每种类型的标准地震图像有序排列在一起，就得到一种物理参数图版。也可采用更粗或更细的划分方法。每个盆地都可建立自己的标准图版。若采用上述分类方式，图版中连续、振幅、频率的不同变化共有 36 种可能的组合。但实际上因视频率参数是随深度变化的，不同层序之间难以对比，往往不参与定相。

物理参数图版一经建立，就成为反射特征描述和地震相划分的标准。划分的各种地震相也可采用类似方法用图版表示，以直观表达分析结果。地震相图版最好用大比例尺显示。

应强调指出，物理参数分析应当在地震资料采集、处理一致的基础上进行。如果不能做到完全相同，至少不能差别太大，否则无法建立对比标准。

第三节　地震地层学解释课程设计实例

地震地层学解释是将地层学和沉积学，特别是岩性、岩相的研究成果，运用到地震资料解释工作中，把地震资料中蕴藏的地层和沉积特征的信息充分利用起来，作出系统解释。遵循地震反射波同相轴为沉积等时界面，此部分课程设计要求利用地震地层学研究方法进行地震层序分析和地震相分析。其主要内容包括地震层序界面特征识别、地震相类型划分和地震相平面图绘制三部分。涉及的软件包括地震解释类软件（如 Landmark）、成图类软件（如 Doublefox）等。

一、实验区选择

选择海拉尔盆地乌尔逊凹陷开展地震相解释课程设计。乌尔逊凹陷是海拉尔盆地主要生油洼槽之一，为一南北向展布典型的西断东超的单断断槽式凹陷结构。主要地层有铜钵庙组、南屯组、大磨拐河组、伊敏组。区域面积为 $800km^2$，大磨拐河组地震反射特征明显，顶、底界面为区域不整合面，地层为三角洲沉积背景，三角洲地震相特征明显，特别是前积反射结构和透镜状反射边界清晰，易于识别。直接从地震资料入手，可以挖掘出大量宝贵信息。

二、课程设计流程

1. 地震层序界面特征识别

通过调研实验区地质背景，结合井点合成地震记录标定结果，确定目的层段地震反射标准层特征，总结地震层序界面识别标志。大磨拐河组处于断陷湖盆演化过程中的断坳过渡时期，以泥质岩沉积为主，其顶、底界面为明显的不整合界面。由于研究区范围较大，大磨拐河组地层自西向东呈现西断东超构造格局，顶、底界面反射特征在不同构造位置岩性、同相轴接触关系具有规律性变化。通过井点地质界面特征分析，结合地震反射波同相轴响应特征，总结大磨拐河组顶、底界面地震反射终止类型（图 3 - 3 - 1）。此部分内容主要考核学生对地震标准层含义的理解，涉及地震反射结构、不整合、地震反射波组相关概念。

2. 地震相类型划分

在对地层沉积背景调研的基础上，综合利用钻井、测井和相关地质资料，进行单井微相划分，明确沉积（微）相类型。通过浏览地震数据，从地震反射波同相轴内部反射结构、外部几何形态、地震反射波连续性、振幅强弱变化等方面总结地震相类型，并通过井震联合标定结果确定各微相类型对应地震相特征，明确地震相与沉积相转化的模式(图3-3-2、表3-3-1)。

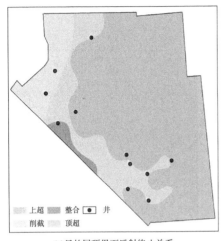

(a)目的层顶界面反射终止关系　　(b)目的层底界面反射终止关系

图3-3-1　目的层顶、底界面反射终止关系

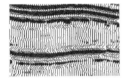
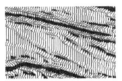
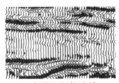

1.中弱振幅中低连续平行反射　2.中弱振幅中低连续前积反射　3.中弱振幅较连续亚平行-波状反射　4.中弱振幅连续平行亚平行反射

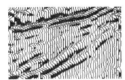
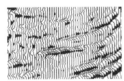

5.中振幅连续微发散反射　6.中弱振幅较连续-断续亚平行-波状反射　7.中振幅低连续波状反射

图3-3-2　地震相类型

表3-3-1　地震相与沉积相对应关系

地震反射特征	对应优势沉积相
中弱振幅中低连续平行反射	三角洲原分流河道
中弱振幅中低连续前积反射	三角洲前缘河口坝、远砂坝
中弱振幅较连续亚平行-波状反射	浅湖
中弱振幅连续平行亚平行反射	深湖、半深湖
中振幅连续微发散反射	扇三角洲
中弱振幅较连续-断续亚平行-波状反射	滨浅湖
中振幅低连续波状反射	湖底扇

3. 地震相平面图绘制

通过单井指示、连井特征对比分析，并结合区域沉积背景进行各层段地震相类型识别，标记各地震相分布范围，绘制各个演化阶段的地震相图（图3-3-3）。

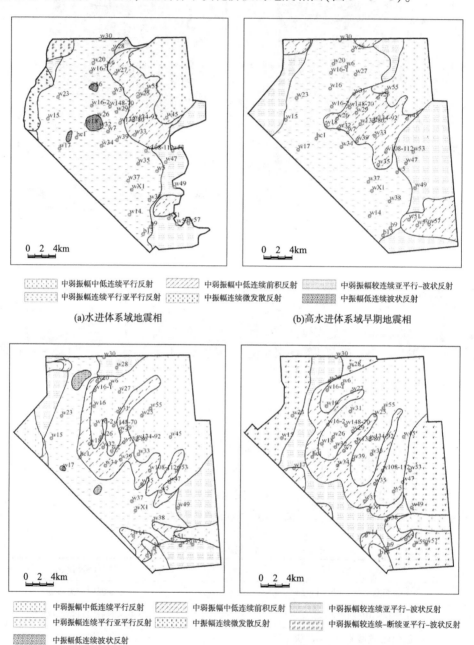

图3-3-3　各时期地震相平面图

三、成绩评定标准

地震层序界面特征识别部分，要求学生能够熟练应用 Landmark 软件在地震剖面上准确识别目的层顶、底界面地震反射特征，能够根据层序界面空间发育规律进行地震反射终止类型图绘制，能够结合提供的钻井资料进行地震反射终止平面位置界定。地震相类型划分部分，要求学生在目的层段内部进行地震反射结构、外部形态、地震反射波物理参数对比分析，能够结合地层沉积演化时空关系总结地震相类型，并能够指明各类地震相与沉积相对应关系。地震相平面图绘制部分，要求学生根据井震标定结果，能够绘制主要地层组段的地震相平面图，能够总结目的层段地震相平面特征，并根据井点岩心、测井响应等特征变化，验证地震相平面的可靠性。

第四章　地震储层预测

在地震勘探中，决定地震波特点的因素除激发、接收条件外，主要是岩石的弹性模量、密度和吸收特性。岩石的弹性模量和吸收特性又与岩石成分、孔隙度、孔隙内流体性质、密度、埋藏条件、地质年龄及岩层各向异性等密切相关。这些是进行地震岩性解释的基础。地震储层预测包括地震属性分析和地震反演技术。

第一节　地震属性分析

地震反射波来自地下地层，地下地层特征的横向变化，将导致地震反射波特征的横向变化，进而影响地震属性的变化，因此，地震属性中携带有地下地层信息，这是利用地震属性预测油气储层参数的物理基础。

20 世纪 60 年代，利用楔状模型的振幅响应进行薄层调谐厚度解释；70 年代，利用"亮点"或"暗点"对含气砂岩储集体进行预测；80 年代，利用 AVO 进行岩性和流体成分识别，利用地震相参数确定地震相类型并进行沉积相转换；90 年代，为满足精细储层描述及三维地震数据体解释的需要，地震属性分析技术得到快速发展。地震属性的提取，地震参数的筛选及优化，地震属性的物理意义和地质解释，地震属性和地质目标之间的关系，地震信息的应用条件及地质意义，用什么样的地震属性解决千变万化的地质问题，以及以砂岩为代表的层状目的层需要哪些信息与方法，以灰岩储层为代表的裂缝型储层需要什么地震属性和方法，不同目的层的有效信息和有用信息等问题，都要分门别类地一一进行研究。本节重点研究地震属性在储层预测、油藏描述和油气检测中的应用。

20 世纪 80 年代初，就有地震信息的提取和利用的实例，三瞬剖面、亮点剖面的利用曾取得一定程度的成功。80 年代末，有关利用地震信息预测储层参数分布的方法开始出现。90 年代，地震属性的利用已经十分广泛，地震信息的提取和利用已经是普通解释工作的常规方法步骤。储层预测、油藏描述、油气检测及油藏监测的研究主要也是应用地震属性进行的。

在国外，成熟的技术也很多。主要是在地震解释系统上出现了大量关于地震属性的处理、提取和综合分析软件，如 Landmark 公司的 PostStack 和 PAL、Discovery bay 公司的 Seismic Analysis System 等新一代地震资料综合分析系统、高分辨地震属性分析和综合显示模块。在综合应用方面较成熟的软件也很多，如 Schlumberger 公司的 RM、Landmark 公司的 Rave 等软件。另外，还有利用地震属性进行油藏描述、油气检测的实例。

国内在地震属性的提取和应用方面做了大量的工作，可以提取振幅类、频率类、相位类及振幅衰减类等各种信息多达几十种。在储层预测、油藏描述、油气检测和油藏监测方面也做了大量的工作，还编写了大量的神经网络、聚类分析、模式判别等分析小软件，但均为不同阶段的临时性强的短期行为。国内这方面的工作特点是：系统性差，阶段性强，低水平重复性多，还没有形成名牌产品。在国内外的商业软件中，对地震属性的地质含义及适用范围研究得较少，缺少地震信息分析的有效手段，导致对地震属性的使用随意性较大。

在地震资料解释中，提取和利用地震信息已经是不可或缺的技术手段。但是在当前，对于地震属性，基本上是不加分析地使用、牵强附会地使用；不去研究理论和适用范围，不去研究效果，造成了一些混乱现象。为此，我们必须对地震属性的物理意义及其与地质体的关系进行深入研究，以便指导今后的工作。其重要性如下：

（1）地震属性是当前地震解释、储层预测、油藏描述、油气检测不可或缺的基础资料。用好地震属性可以提高地震解释的精度，增加地质成果的可信度。

（2）研究地震属性可以使地震资料得到充分的利用。

（3）当前这项技术发展很快，国内外研究成果很多，如果我们不尽快研究和发展这方面的方法技术，有落伍的危险。

（4）合理应用地震属性，可以提高解释工作的技术含量，对提高解释水平有重要作用。

（5）通过对该技术的应用和推广，能够为油田的开发提供更多可靠的成果，对增加储量和提高产量有重要作用。

一、地震属性的基本概念

地震属性不仅要研究基于地震反射波运动学的地震属性，如特殊处理的速度、波阻抗等反演技术，还要研究反演方法和效果及其在储层预测和油藏描述中的应用；重点是研究地震属性的提取和适用范围，地震属性在不同的地质体上的特征，地震属性与地质目标的关系，以及地震属性的应用。研究地震属性过程中涉及的概念包括地震属性、地震属性技术、地震属性提取、地震属性优化和地震属性分析。

（1）地震属性。即从地震资料中提取出的能够反映储层含油气性的特征参数，如振幅、频率、相位、能量、波形和比率等，过去一般称地震参数、地震特征或地震信息。

（2）地震属性技术。即利用地震资料的振幅、频率、相位、时间等动力学特性、运动学特性及统计学特性进行储层描述的一种技术。仅用叠后处理参数提取到的地震属性就可以分为五大类几十种，不同的属性对不同岩性的敏感程度是不同的，在描述不同的对象时所起的作用也是不一样的。

（3）地震属性提取。即把地震信息（振幅、频率、相位等）从地震数据中提取出来，也可以认为地震数据中形成地震属性的过程为属性提取。

（4）地震属性优化。每一种地震属性都是从不同角度反映储层特征的，它们与储层岩性、储层物性、孔隙流体性质之间的关系非常复杂，同一种属性在不同的条件下代表的意义完全不同，而且同一个地质目标不同的地震属性之间的敏感性、相关性也是不同的。地震属性的优化是利用经验方法或数学方法，选出对所预测的地质目标最敏感、最有效、相关性最好的少数几个属性或属性组合，提高地震属性的预测精度。

（5）地震属性分析。地震属性分析就是以地震属性为基础从地震资料中提取隐藏的信息，并把这些信息转换成与岩性、物性或油藏参数相关的可以为地质解释或油藏工程直接服务的信息，从而充分发挥地震资料潜力，提高地震资料在储层预测方面的表征和监测能力的一项技术。它由两个部分的内容组成，即地震属性优化与预测。预测既可以是含油气性、岩性或岩相预测，也可以是油藏参数预测（估算），前者强调地震属性的估算功能，主要方法是函数与神经网络逼近。

二、地震属性的分类

地震波形的变化与地震波传播的物理机制、岩石物理特征和地层结构等因素密切相关。地震属性反映了地震波形的几何学、运动学、动力学和统计学特征，地震波形特征包含地下储层的综合地质特征信息。地震属性的分类方法有很多，主要有以下 4 种：

（1）在我国学术界较为流行的分类方法，即从运动学与动力学的角度，将地震属性分为振幅、频率、相位、能量、波形和比率等。

（2）按属性拾取的方法将地震属性分为界面属性和体积属性两类。

（3）Alistair R. Brown 于 1996 年提出将地震属性分为时间、振幅、频率和衰减 4 类。

（4）Quincy Chen 等人于 1997 年提出基于储层特征的分类方法，这种分类方法根据地震属性对储层特征（如亮点与暗点、不整合圈闭断块脊、含油气异常、薄储层、地层不连续性、灰岩储层与碎屑岩储层的差异、构造不连续性和岩性尖灭）的预测或识别，将地震属性分为 8 类。这些分类中所包含的地震属性有 60 余种。这些纷繁的地震属性对哪些储层特征具有一定的敏感性，我们在进行属性提取计算之前应当有所了解，并加以选择。

1. 振幅特征统计类

地震振幅或能量属性是地震资料岩性解释和储层预测常用的动力学参数，反映了波阻抗、地层厚度、岩石成分、地层压力、孔隙度及含流体成分的变化，可用来识别振幅异常或层序特征；也可用来追踪地层学特征，如三角洲河道或砂岩；还可用来识别岩性变化、不整合、气体以及流体的聚集等。

1）均方根振幅（RMS Amplitude）

均方根振幅是将振幅平方的平均值开平方（图4-1-1）。由于振幅值在平均前平方，因此，它对特别大的振幅非常敏感：

$$RMS = \sqrt{\frac{1}{N}\sum_{i=1}^{N} a_i^2}$$ (4-1-1)

式中，RMS 为均方根振幅；N 为时窗内采样点的个数；a 为振幅。

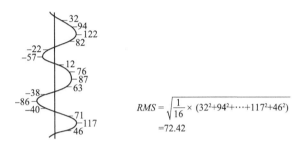

$$RMS = \sqrt{\frac{1}{16} \times (32^2+94^2+\cdots+117^2+46^2)}$$
$$=72.42$$

图4-1-1　均方根振幅

2）平均绝对值振幅（Average Absolute Amplitude）

平均绝对值振幅（$\bar{A}$）计算公式如下：

$$\bar{A} = \frac{\sum_{i=1}^{N} |A_i|}{N}, i = 1,2,3,\cdots,N$$ (4-1-2)

式中，$|A|$ 为瞬时振幅绝对值。

3）最大波峰振幅值

时窗内记录波峰振幅的最大值。

4）平均波峰振幅（Average Peak Amplitude）

平均波峰振幅是对在分析时窗里的所有正振幅值相加，再用总数除以时窗里的正振幅值采样数得到的。

5）最大波谷振幅值

时窗内记录波谷振幅的最大值。

6）平均波谷振幅（Average Trough Amplitude）

平均波谷振幅是对在分析时窗里的所有负振幅值相加，再用总数除以时窗里的负振幅值采样数得到的。

7）总振幅（Total Amplitude）

每一道的总振幅是在层内对采样点求取总的振幅值。

8）振幅的立方差（Skew in Amplitude）

每一道振幅的立方差的求取方法是，对分析时窗内的所有采样点求取平均值，然后减去每一道的平均值，计算差值的立方，求出这些值的总和，除以采样点数就可得到。

2. 复地震道属性

复地震道属性是指根据复地震道分析在地震波到达位置上拾取的瞬时地震属性，这类属性在过去 20 年间使用广泛。一个复地震道可以表示为：

$$C(t) = S(t) + jh(t) \tag{4-1-3}$$

式中，$C(t)$ 为复地震道；$S(t)$ 为地震道，$S(t) = A(t)\cos\phi(t)$；$h(t)$ 为虚地震道，是地震道的希尔伯特变换，$h(t) = A(t)\sin\phi(t)$。其中，$A(t)$ 为振幅包络，$A(t) = [S^2(t) + h^2(t)]^{1/2}$；$\phi(t)$ 为瞬时相位，$\phi(t) = \arctan\dfrac{h(t)}{S(t)}$；$\overline{\omega}(t)$ 为瞬时频率，$\overline{\omega}(t) = \mathrm{d}\phi(t)/\mathrm{d}t$。这是三个基本属性，由此可以导出许多其他的瞬时地震属性，如瞬时实振幅、瞬时平方振幅、瞬时相位的余弦、瞬时实振幅与瞬时相位的余弦的乘积、振幅加权瞬时频率、能量加权瞬时频率、瞬时频率的斜率、反射强度斜度、以分贝表示的反射强度、反射强度的中值滤波能量、反射强度的变化率、视极性等。

1）瞬时相位

瞬时相位为在选定的采样点上以角度或弧度表示的相位。有助于加强储层内部的弱反射，但同时也加强了噪声。在彩色成果图上，要考虑它的周期性（$\phi - 180° = \phi + 180°$）。因为烃类聚集常引起相位变化，这个属性可用作烃类直接指示之一。瞬时相位的余弦是由瞬时相位导出的属性。因为它有一个固定的边界值（$-1 \sim +1$），常用来改进瞬时相位的变异显示。

2）瞬时频率

瞬时频率为瞬时相位对时间的导数 $\mathrm{d}\phi(t)/\mathrm{d}t$，单位为度/毫秒或弧度/毫秒。用于估计地震衰减，油气储层常引起高频成分衰减，这个属性也有利于测量地层区间的周期性。存在干扰时显得不稳定。

3）瞬时实振幅

瞬时实振幅为在选定的采样点上时间域地震道振幅变化，为地震道数据的一般表示。传统上广泛用于构造和地层学解释。作为振幅属性的一个基本参数，用来圈定高或低振幅异常（亮点或暗点）。

4）瞬时平方振幅

瞬时平方振幅为时间域振幅变化，其相位比瞬时实振幅延迟 90°。它的相位延迟特性对瞬时相位垂直变化的质量控制十分有用。因为它是在指定的相位上唯一能观测到的振幅属性，也可以用于确定薄储层 AVO 异常。

5）反射强度斜度

反射强度斜度为反射强度随时间的变化率。在时延三维（4D）中，用来表征垂直地层层序和储层中流体成分的变化。

6）视极性

视极性为反射强度的极性。用来检查沿反射层位极性的横向变化。常与反射强度联合使用。

3. 功率谱特征属性

谱分析是描述地震记录特征的重要方法。它有两种形式：一是傅里叶谱分析，二是功率谱分析；前者用于确定函数，后者用于随机过程。当用于分析的地震数据是一个均值为零的随机过程时，功率谱为它的一个统计特征，可以较好地表示反射波特征；当用于分析的地震数据是一个确定的时间函数时，记录信噪比较高，分析时窗中有稳定的反射波脉冲出现，使用傅里叶谱分析描述反射波特征较为适宜。

功率谱是由地震记录自相关函数的傅里叶变换求得的。为消除傅里叶变换输入函数 ACF 在分析时窗边界上跳变的影响，在做变换前要使用时窗函数进行平滑。为减少偶然误差，算法中应考虑在选定时窗内对 3～5 道相邻道功率谱分析结果进行平均，然后用于参数拾取。

1）加权功率谱平均频率

加权功率谱平均频率，计算功率谱对频率的加权平均值，与全频带（Lf－Hf）内计算的功率谱加权平均值比较，为后者的 A% 时所得到的高截频，即为所求参数。通常 A 取值为 25、50、75、90 等。这个参数也是信号能量按频率分布的一个标志。

2）功率谱极大值频率

功率谱极大值频率指功率谱曲线最大极值对应的频率，反映了信号成分中能量最大的简谐波频率。

3）优势功率谱

优势功率谱为与优势频率对应的功率谱值。这个属性沿着有意义的区段发生横向变化，表示反射体由于岩性和流体饱和度变化而产生的不均质。对时延三维非常适用。

4）优势功率谱集中度

优势功率谱集中度为功率谱的另一个量度，它定量表示在优势频率周围的能量分布。

5）指定带宽能量

指定带宽能量为在低截频和由用户指定的频率边界间包含的能量。用来产生一个低频带宽能量，以检测天然气和裂隙，特别是对薄储层较好。

6）功率谱的斜度

功率谱的斜度既可用于描述谱的分布和频率成分的吸收，还可用于检测有意义的层位和层位以下的天然气阴影。

4. 傅里叶谱特征分析

傅里叶谱特征又称谱属性。它是在一个长为几十毫秒到几百毫秒的时窗内测量的频谱，也是一种类型的休积属性。频谱中逐渐发生的瞬时变化，特别是高频成分的丢失，是波经过地下介质传播的结果。频谱中空间变化，或快速瞬时变化，可以作为一个体积属性使用。在一个有意义的层位以上，或者在层位以下的合适的时窗内提取频谱中的变化。这些变化可能与岩性或岩石物性的变化有关。

由岩性横向变化引起的频谱变化有：

(1)引起子波干涉的薄层层段的调谐效应。

(2)由异常低速层段或厚度变化引起的时间下弯现象。

(3)由波阻抗的横向变化(如孔隙变化)引起的振幅改变。

(4)在不规则表面上的地震能量散射，这可能导致静态误差和高频成分损失。

与岩石中流体性质变化有关的固有衰减，是岩石物性变化的原因，但是，要建立地震频率衰减和岩石流体性质之间的关系，是不容易的。

1)振幅谱主频率

振幅谱主频率是指振幅极大值对应的频率，反映地震信号简谐成分中振幅最大的简谐分量频率，与信号的视频率参数相对应。

2)振幅谱极大值

振幅谱极大值是指振幅谱主频 F 对应的幅值，表示主频简谐分量的振幅大小。

3)平均中心频率

把振幅谱曲线包含的面积分成高频和低频面积相等的两部分，分界处的频率即是平均中心频率，这是一个表示地震信号简谐成分按频率分布特征的参数。

4)频带宽度

把在低截频和高截频之间振幅谱曲线所包含的面积，用一个高为振幅谱极大值的矩形的面积代替，该矩形面积的宽度以频率为量纲，即为所求的频带宽度。这个参数反映了波形特点，它与子波延续时间成反比。

5)优势频带宽度

优势频带宽度 F_0 是指振幅谱幅值 $A(f)$ 超过指定门槛值 T 的频率范围，作为另一种定义的频带宽度，反映着地震信号的延续时间和分辨率特征。

6)优势频率

优势频率是指在固定时窗内计算地震记录过零线次数或零点个数，它反映了地震记录的瞬时频率变化，与视频率相对应。

7)频带宽度估计

频带宽度估计是对时窗数据的频率范围的一个统计量度。这个量度包括子波和反射率的效应。与不同的干扰相比，子波的优势频率较为稳定，因而这个属性将表示高/低多次波/低混回响存在区域。低混回响区频带变化小。

8)优势频率估计

优势频率估计是指使用自相关的 FFT 和时窗平滑函数，以测量时窗内的采样点的优势频率。为了获得稳定的频谱，对这个属性和其他谱特性属性的计算，需要取 8~12 个采样点。因为子波频率在空间相当稳定，这个属性的变化主要是由岩性和流体变化引起的。

烃类异常引起高频成分的衰减。优势频率的降低，表示存在含气砂体。这个属性常用来表征有意义区段的横向变化。

目前研究人员尚无法找到地震属性（如均方根振幅）与地质目标（如储层孔隙度）间一一对应的成因联系。但是，大量油气勘探实践和经验的统计结果表明：油气储层性质与地震属性之间确实存在某种统计相关性。

从表4-1-1所列的储层性质与地震属性之间的相关性分析中可以看出：某一种地震属性在不同的地质条件下可能是多种地质属性的反映。同时，一种储层物性可能在多种地震属性中均有反映。

表4-1-1 地震属性可能反映的储层性质

地震属性或指示特征	可能反映的地质现象或特征相关参数
振幅（瞬时＋能量）	古地貌、岩性差异、岩层连续性、总孔隙度
视极性（瞬时＋能量）	岩性、反射极性差异、含气性
频率（瞬时＋能量）	岩层厚度及流体性质
相位（瞬时＋能量）	岩层连续性、地层结构
振幅极小值与极大值数目比及位置	古地貌、岩相结构
层速度	岩性、孔隙度、压力
属性体反射谱分解的各阶分量	横/垂向分辨率、孔隙度、流体及几何形态
AVO	岩层中流体性质
声阻抗	孔隙度及泥质含量
曲率、边界增强等现象	断层及裂缝分布特征
倾角、方位角及人工照明等处理成果	构造、断层及由地震资料处理得到的地质特征
烃指示属性	均方根、最小振幅、最大振幅、最大振幅绝对值、波峰平均值
岩性、物性指示属性	波谷平均值、平均能量、振幅和、振幅绝对值之和
频率-烃类指示属性	优势频率、平均瞬时频率
频率-岩性、物性指示属性	半幅能量、门槛值
流体指示属性	平均瞬时相位
岩相水平、垂向变化特征	零值个数、弧长、带宽

三、地震属性的提取

地震属性的提取采用多种数学方法如傅里叶变换、复数道分析、自相关函数和自回归分析等来实现。到20世纪90年代中期，随着统计学属性的出现和发展，大量地质统计方法在属性提取中得到了广泛应用，如协方差、线性回归、小波变换、模拟退火等。这些技术对提取相干体等地震属性，识别和定性描述断层、河道砂体乃至碳酸盐岩储层中的缝洞发育带等起到了重要作用，小波变换是90年代比较活跃的地震属性提取方法，它不仅能提高地震属性分辨率的潜力，而且能优化属性提取的时窗长度。

地震属性提取方法通常有两种，即沿单道同相轴拾取界面属性或由地震数据体导出属性体得到体积属性。

1. 界面属性的拾取

界面属性是在三维数据体内沿三维层面求取的、与分界面有关的地震属性，它提供了有关界面上或界面之间属性怎样变化的信息。界面属性的拾取方法有三种：瞬时拾取法、单道分时窗拾取法和多道分时窗拾取法。瞬时地震同相轴属性是通过对地震道数据在同相轴位置上进行复地震道分析得到的。单道分时窗地震同相轴属性是用"可变时窗"拾取的（当我们从一道移到另一道时，要么时窗的长度改变，要么时窗在地震道上的位置改变）。可变的时窗的上下界，由解释的地震层位确定。也可以使地震属性拾取时窗沿着一个解释层位滑动，在层位的上方或下方，取一个固定的时窗长度（图4-1-2）。作为一个特例，可以把时间切片看作没有进行常规地震解释的一个水平同相轴。属性拾取结果一般赋予时窗中点。多道分时窗地震同相轴属性也可以使用单道分时窗拾取时使用的固定尺度或可变长度时窗来拾取。这些属性拾取时不仅需要一个上限和一个下限来定义拾取的时窗，还需要道数限制和拾取同相轴的地震道的图形，将所得的地震属性分配到设计图形中心道的同相轴位置上，即指定道模式的中间道位置和时窗中点。对每个中间道位置重复上述拾取过程，可以获得一个新的属性平面。

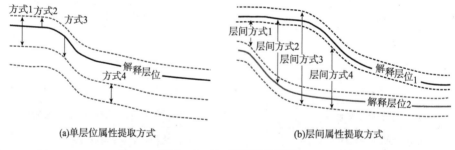

(a)单层位属性提取方式　　　　　　(b)层间属性提取方式

图4-1-2　界面属性提取

2. 体积属性的拾取

体积属性的拾取是由三维地震数据体导出的完整的属性立方体，是地震数据的另一类图像。

体积属性的拾取方法同前，即分为瞬时属性拾取、单道分时窗属性拾取、多道分时窗属性拾取。产生属性立方体的瞬时属性，是根据复地震道分析，在地震波到达位置上拾取的属性。单道分时窗属性，对数据体而言，是在两个时间切片间，产生的一个属性平面，只是这时的时窗位置和长度是固定的。重复使用固定时窗作属性拾取，并按一定的步长在时间上重叠，可以产生一个新的属性体。对多道分时窗属性也是使用固定时窗拾取，除时间切片的上限和下限外，还要定义与地震道数和拾取所用的地震道的图形有关的边界。可以用来研究储层各向异性特征，以识别储层裂隙或断层分布模式。

四、地震属性融合

地震属性融合技术是近几年刚刚兴起的属性分析手段，它可在一定储层物性、地质规律、沉积特征的指导下，通过综合考虑不同属性的物理意义，选取表征不同储层特征的属性，将多个属性经过一定的数学运算融为一体，使融合属性能同时考虑每一种属性对储层的影响，达到属性融合的目的。利用融合属性可充分挖掘数据内含信息，去除重复冗杂信息，降低储层预测的多解性，进一步提高储层预测精度。地震属性融合之前一般需要对大量的单属性进行优选。一般的优选原则是：首先，分析属性与储层岩性的相关性，挑选出对地质条件最敏感的属性；其次，在所挑选的属性之间进行相关性分析，同类型的属性只选取其中效果最好的一种；最后，由于不同属性具有不同的量纲和值域，需要在属性融合之前对其进行优化，如归一化、主成分分析等。

地震属性融合技术正逐步从理论走向实际应用，目前已在很多油田取得了较好的应用效果，展现了该技术良好的应用前景。常用的属性融合方法有基于数学方法提出的地震属性融合技术，如聚类分析和多元线性回归融合技术；基于颜色空间的多属性融合技术，如RGB融合；根植于神经学等学科，根据人脑模拟出的神经网络融合法；等等。不同的融合方法有其适用范围及局限性，选择合适的方法对优选属性进行融合十分重要。

五、地震属性地质分析

在油气勘探开发中，利用地震属性分析技术及其分析结果可以划分构造、检测断层、预测岩性、确定有利储集体、描述油藏内部的储集特性，甚至可用于监测油藏内部的流体运动等其他油藏工程研究。近年来，随着油气田开发对油气藏描述精度需求的提高和地震属性分析技术的发展，该技术越来越多地用于油气藏表征、提高采收率和油气藏动态监测领域。

在应用地震属性分析技术解决各种地质问题特别是定量问题时，必须进行地震属性的标定。没有经过标定的属性仅仅是一种地球物理参数，没有地质意义，不能用于地质解释。地震属性的标定方法主要有两类：一是直接应用专家知识或前人的研究成果进行标定。二是应用井孔资料进行标定，这也是目前使用最多、效果最好，大家最为认可的方法；该方法采用从已知到未知的研究思路，运用井中已经获得的地层、岩性、储层物性及含油气性等信息，通过井旁地震道，建立储层的岩性、物性和含油气性等特征与地震属性之间的关系，再将其外推至整个油藏空间。

利用地震属性研究储层特征的基础是地震与测井数据之间存在一定的内在关系，利用测井资料解释储层物性参数，并建立与井旁地震道地震属性之间的相关性，将地震属性转换成储层物性，并推算到井间或无井区。由地震属性转换的储层特征与测井特性往往有一定的误差，需要进行剩余校正。现代地震属性通常是将地震数据空间自动映射到储层空间，即采用如克里金法的地质统计法，将两种数据模拟地输入一个可进行空间自动校正和交叉校正，并隐含一个非线性刻度函数的估算器中，进行储层特征的估算。由地震属性推导的储层特征应结合地质资料进行综合分析，合理应用。

六、地震属性分析课程设计实例

结合学生理论知识学习层次和地震属性分析部分学习重点、难点，课程设计内容包括储层精细标定、储层地震响应正演、地震属性优选、融合权重计算、融合属性定量评价五部分。首先利用储层地质、地震特征分析构建井震一致等时地层单元界限，强调井震结合思想建立地层框架。其次通过建立不同储层对应正演模型，了解储层敏感属性确定过程。

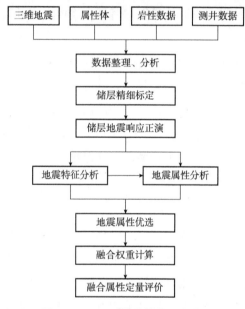

图4-1-3 地震属性分析流程

依据正演分析结果，提取敏感地震属性。分析单属性与储层厚度相关度，确定各属性融合权重。最后依据确定权重计算融合属性值，绘制基于储层特征的敏感属性融合储层平面图(图4-1-3)。

1. 实验区选择

课程设计涉及数据使用大庆油田某区高分辨率三维地震数据(地震主频30Hz，CDP间隔10m×20m，面积295km²)，实验前由教师将实验三维地震数据体转化为常用的五类地震属性体(振幅类、甜点类、相位类、波阻抗类、频率类)等，准备实验层段内标准层地震反射层位作为参考数据，提供实验工区内钻井17口，井点实验层段目的层平均厚度约50m，最小地层单元平均厚度约4m，17口实验井点的地质分层、岩性、测井解释数据，自然电位曲线、自然伽马、声波时差、密度、深(浅)侧向等电阻率等测井曲线齐全。

2. 课程设计流程

1)储层精细标定

储层精细标定是进行属性提取的基础。受地震分辨率限制，不同地层界限地震特征差异较大，实验层段各地层单元对应地震反射轴需要借助地震标准层、钻井信息综合判定。要求学生根据提供的钻井数据进行深度域地层界限核查，通过Landmark软件Syntool模块将其转换为地震资料时间域界限，并参考井点分层、标准层地震反射特征完成实验层段对应地震反射界面解释(图4-1-4)。该项实验内容可考核学生对地震地质层位标定、地震分辨率概念的理解程度和地震反射界面追踪对比的基本技能掌握情况。

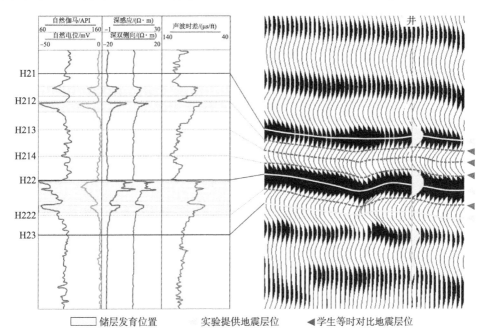

图 4 – 1 – 4　储层精细标定图

2）储层地震响应正演

统计钻井岩性、测井解释、测井曲线特征，对实验层段储层进行分类。利用 Discovery 软件对不同类别储层完成地震正演分析，总结储层地震响应特征。该项实验内容培养学生的地质特征总结能力，考查学生对地震波频谱、主频、地震子波概念的理解程度，为提取地震属性、进行属性优选做准备。

3）属性优选

学生利用正演响应特征分析结果开展属性提取，总结不同属性预测效果。利用相关度计算公式（4 – 1 – 4）分析储层厚度计算单属性预测精度，得到各单层属性与储层厚度之间的对应关系，选择相关度高的属性类别确定为储层敏感属性，完成属性优选。

$$A(X,Y) \ = \ \frac{\mathrm{Cov}(X,Y)}{\sqrt{\mathrm{Var}[X] \times \mathrm{Var}[Y]}} \qquad (4-1-4)$$

式中，$A(X,Y)$ 为单属性与储层厚度相关度；$\mathrm{Cov}(X,Y)$ 为单属性与储层厚度协方差；$\mathrm{Var}[X]$、$\mathrm{Var}[Y]$ 分别为单属性和储层厚度方差。

属性优选过程需要结合储层背景地质条件和储层分布宏观规律。该项实验内容主要用于考核学生地震 – 地质综合分析能力。

4）融合权重计算

针对优选的地震属性，通过式（4 – 1 – 5）确定融合属性中各单属性权重。

$$B = \frac{A_i}{\sum\limits_{i=1}^{n} A_i} \qquad (4-1-5)$$

式中，B 为属性融合中各单属性权重；A_i 为单属性相关度；n 为需要融合的单属性数量。

5）融合属性定量评价

由于各单属性量纲差别，在进行完单属性权重计算后，需要对各单属性进行归一化处理，利用式（4-1-6）完成各单属性归一化后，再根据融合权重值 B_i 计算得到融合属性图。

$$X_{\text{norm}} = \frac{X - X_{\min}}{X_{\max} - X_{\min}} \qquad (4-1-6)$$

式中，X_{norm} 为属性归一化值；X 为原属性值；$X_{\max}$、$X_{\min}$ 分别为原属性最大值、最小值。

3. 成绩评定标准

储层精细标定部分，学生能够通过制作人工合成地层记录，利用 Landmark 软件 Syntool 模块完成井点分层界限深度域向时间域的转换，准确标定实验层段地震特征，明确不同类型储层地震响应差异，并能够依据教师提供的参考层位进行实验层段地震反射层追踪对比。在该项实验中，要求学生能够根据给定钻井分层、测井曲线准确标定实验层段，并能够总结实验区各井点实验层段的地震响应特征。

在储层地震响应正演分析部分，学生需要根据实验层段储层发育特征，依据厚度、测井响应等进行储层分类，通过 Discovery 软件进行不同类别储层正演，总结储层地震响应特征，并依据地震资料品质及正演结果进行不同类别储层地震属性特征总结，确定实验层段敏感属性类型。以 H212 层为例，地层厚度平均 4.5m，根据井点岩性、砂体厚度和岩性组合关系将储层分为三类：第一类为低速层夹薄层高速层，地震正演可见在高速层发育部位出现强振幅波峰；第二类为高速层夹薄层低速层，地震特征为在下部低速层过渡高速层界面出现强波峰反射；第三类为低速层夹厚层高速层，正演剖面在上部低速层过渡高速层界面出现强振幅反射。三类储层中地震反射波振幅值随高速层厚度增加而增大，在高速层发育部位地震反射波视频率随厚度增加而降低。在第一类储层组合情况下，高速层上部界面地震响应相位在最大相位下半周期二分之一位置，与其他两种储层组合响应不同（图4-1-5）。由此分析确定选择振幅类、频率类及相位类地震体进行属性提取。

从储层正演响应分析确定的振幅类、频率类、相位类属性体，以及能够反演储层物性参数的波阻抗体中进行属性提取和优选。学生通过实验提供的属性体，利用储层精细标定解释得到的地震层位，结合储层正演分析得到的储层地震响应特征，选择不同时窗进行层段属性提取。再通过建立井点砂岩厚度与各类单属性对应关系，依据单属性对储层厚度相关度最终确定敏感地震属性。以 H212 层为例，可以看出随着砂岩厚度值增大，瞬时振幅、总能量、甜点类属性值也逐渐增大，根据式（4-1-4）计算得到各属性相关系数分别为0.4819、0.423、0.5731；响应频率属性随砂岩厚度增加而降低，属性值和砂岩厚度相关系数为 0.3464；响应相位属性在储层厚度变化过程中规律不明显；波阻抗属性值在砂岩厚度区间内区分性差，且相关系数仅为 0.1157，不能用于储层预测。综合考虑，选择瞬时振幅、总能量、甜点属性作为 H212 层优选敏感属性（表 4-1-2、图 4-1-6、图 4-1-7）。

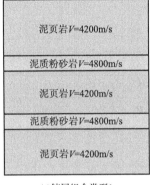

(a)储层组合类型1

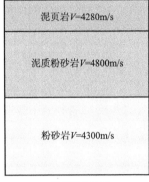

(b)储层组合类型2 (c)储层组合类型3

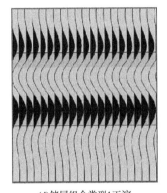

(d)储层组合类型1正演

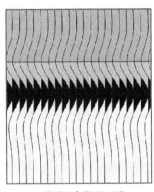

(e)储层组合类型2正演

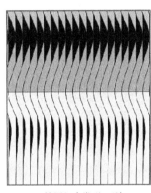

(f)储层组合类型3正演

图 4-1-5 储层地震正演

表 4-1-2 优选地震属性与砂岩厚度数据关系

井名	砂岩厚度/m	瞬时振幅			甜点			总能量		
		属性值	预测厚度/m	绝对误差	属性值	预测厚度/m	绝对误差	属性值	预测厚度/m	绝对误差
W1	5.92	25.92	5.92	0	4.30	4.52	-1.40	656	6.39	0.47
W10	7.26	24.25	4.74	-2.52	6.30	8.80	1.54	563	4.44	-2.82
W11	3.14	24.00	4.56	1.42	3.73	3.29	0.15	558	4.33	1.19
W12	4.32	27.08	6.74	2.42	4.65	5.27	0.95	676	6.80	2.48
W13	2.56	25.85	5.87	3.31	4.51	4.97	2.41	657	6.40	3.84
W14	7.09	29.27	8.28	1.19	5.01	6.03	-1.06	801	9.41	2.32
W15	7.41	26.40	6.26	-1.15	5.63	7.37	-0.04	615	5.52	-1.89

井名	砂岩厚度/m	瞬时振幅			甜点			总能量		
		属性值	预测厚度/m	绝对误差	属性值	预测厚度/m	绝对误差	属性值	预测厚度/m	绝对误差
W16	4.65	23.97	4.54	−0.11	3.81	3.48	−1.17	554	4.25	−0.40
W17	2.19	20.50	2.10	−0.09	4.93	5.86	3.67	603	5.26	3.07
W2	3.17	20.68	2.22	−0.95	3.27	2.30	−0.87	402	1.08	−2.09
W3	2.37	24.51	4.92	2.55	3.99	3.85	1.48	514	3.41	1.04
W4	3.65	25.15	5.37	1.72	3.86	3.58	−0.07	590	5.00	1.35
W5	1.59	21.08	2.51	0.92	3.74	3.32	1.73	554	4.25	2.66
W6	2.63	21.02	2.47	−0.16	3.20	2.16	−0.47	424	1.54	−1.09
W7	2.04	19.09	1.10	−0.94	2.20	0.02	−2.02	352	0.04	−2.00
W8	2.51	22.53	3.53	1.02	3.54	2.89	0.38	432	1.71	−0.80
W9	3.75	22.47	3.49	−0.26	4.07	4.04	0.29	500	3.12	−0.63

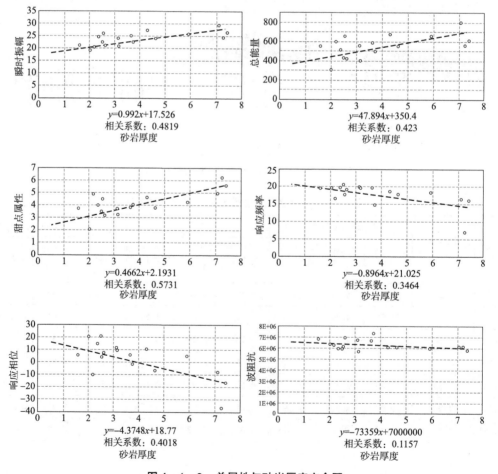

图 4-1-6　单属性与砂岩厚度交会图

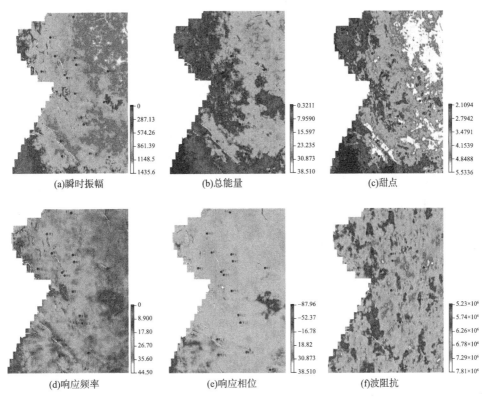

(a)瞬时振幅   (b)总能量   (c)甜点

(d)响应频率   (e)响应相位   (f)波阻抗

图 4 - 1 - 7　单属性平面图

由式(4 - 1 - 5)对优选地震属性确定各单属性权重,见表 4 - 1 - 2。利用式(4 - 1 - 6)对各单属性进行归一化处理后,进行加权属性融合,得到融合属性图。最后通过融合属性与砂岩厚度交会分析得到两者对应关系,进而预测得到储层平面分布图(图 4 - 1 - 8)。

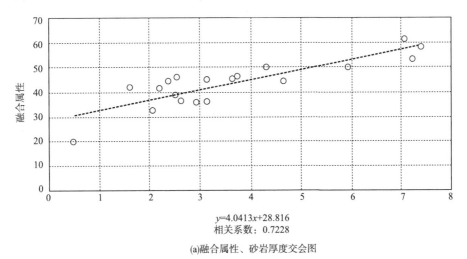

$y = 4.0413x + 28.816$
相关系数: 0.7228

(a)融合属性、砂岩厚度交会图

图 4 - 1 - 8　融合属性、砂岩厚度交会图及其平面图

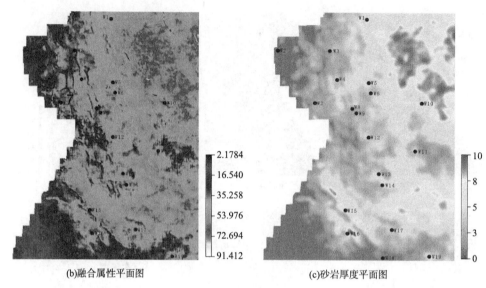

(b)融合属性平面图　　　　　　　　　　(c)砂岩厚度平面图

图 4 – 1 – 8　融合属性、砂岩厚度交会图及其平面图(续)

第二节　地震反演技术

随着"三高一准"(高信噪比、高保真度、高分辨率和准确成像)地震技术的发展,地震解释已经逐步从作简单的构造图,扩展到进行地层、沉积、构造、储层物性、生油层评价和超压预测等研究。同时,地震反演技术也得到迅速发展,波阻抗、岩性反演与地质统计学、模型正反演相互融合使反演多解性问题得到较为妥善的解决。

一、地震反演基本概念

地震反演技术就是充分利用测井、钻井、地质资料提供的丰富的构造、层位、岩性等信息,从常规的地震剖面推导出地下地层的波阻抗、密度、速度、孔隙度、渗透率、沙泥岩百分比、压力等信息,即利用地震资料,以已知地质规律和钻井、测井资料为约束,对地下岩层空间结构和物理性质进行成像(求解)的过程。

由于地震剖面的同相轴实质上代表的是地层界面上的反射系数,同相轴追踪着地层的界面而不是砂岩地层,只有转换成波阻抗,才能真实地反映储层变化。

地震反演就是由地震数据得到地质模型,进行储层、油藏研究。图 4 – 2 – 1 和图 4 – 2 – 2是常规地震剖面和反演剖面的对比,在反演剖面(图 4 – 2 – 2)中,可清楚看到火山锥、火山溢流相,但在常规地震剖面(图 4 – 2 – 1)上地质工作者很难进行岩性体的解释和追踪。

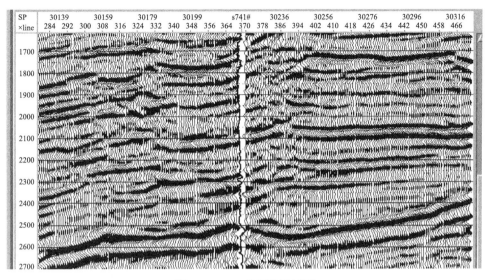

图4-2-1 常规地震剖面

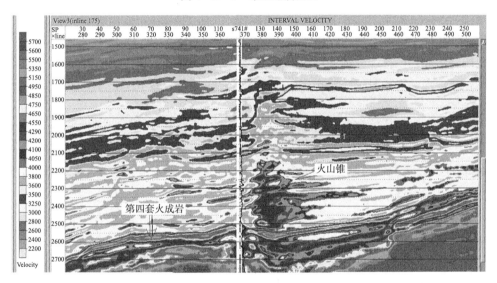

图4-2-2 反演剖面

二、地震反演分类

地震资料反演技术目前正由叠后到叠前、叠前及叠后相结合，由单一的波阻抗反演到利用地质统计学、分形分维、神经网络等技术与测井、测试、钻井、地质综合研究相结合，由单一的资料反演到正、反演相结合，储层建模、约束反演、油藏数值模拟相互验证，其目的是通过多约束条件解决反演多解性，提供准确结果，为油田的勘探、开发服务。

当今的地震反演方法主要有两种：一是建立在波动理论基础之上的反演方法，该方法反演的效果尚不如以褶积模型为基础的方法，因而未能得到普遍推广；二是建立在褶积模型基础上的反演方法，即叠后波阻抗反演。

1. 稀疏脉冲法

稀疏脉冲反演是基于脉冲反褶积的递推反演方法，采用多井约束，仅限于声波曲线反演地震波阻抗剖面。其主要功能是充分利用已知的地质、地震、测井资料，从地震资料出发，以测井和钻井资料为基础，建立基本反映地层沉积特征和构造关系的初始地质模型。其基本假设是地层的强反射系数是稀疏分布的。从地震道中根据稀疏的原则提取反射系数，与子波褶积后生成合成地震记录；利用合成地震记录与原始地震道残差的大小修改参与褶积的反射系数个数，再作合成地震记录；如此迭代，最终得到一个能最佳逼近原始地震道的反射系数序列。然后求得相对波阻抗。最后与各井绝对波阻抗曲线拟合的阻抗趋势（低频背景）相加，就可得到绝对波阻抗。该方法适用于井数较少的地区，其主要优点是能够获得宽频带的反射系数，较好地解决地震反演的多解性问题，从而使反演结果更趋于真实。

约束稀疏脉冲反演采用一个快速的趋势约束脉冲反演算法，用解释层位和井约束控制波阻抗的趋势和幅值范围，脉冲算法产生了宽带结果，恢复了缺失的低频和高频成分；同时，再加入根据井的波阻抗的趋势约束。约束稀疏脉冲反演最小误差函数是：

$$J = \sum (r_i)^p + \lambda^q (d_i - s_i)^q + \alpha^2 \sum (t_i - Z_i)^2 \qquad (4-2-1)$$

式中，r_i 为样点的反射系数；Z_i 为样点的波阻抗，介于井约束的最大和最小波阻抗之间；d_i 为原始地震道；s_i 为合成地震道；t_i 为用户提供的波阻抗趋势；α 为趋势最小匹配加权因子；p、q 为 L 模因子；i 为地震道样点序号；λ 为数据不匹配加权因子。

2. 以模型为基础的反演方法

基于正演模型的地震反演，首先要建立油藏地质模型，包括深度、厚度、速度和密度，岩性、储层物性和流体成分是用速度和密度参数表示的。通过正演算法制作合成地震剖面，这在地球物理技术中通常称为地震模型。正演算法往往采用简便的褶积模型算法，即地震道可用地层反射系数与地震子波的褶积来制作。也可以用严格的波动方程理论进行正演，这更能反映地震模型的波动特征。然后，将地震模型同实际地震剖面进行比较，根据比较结果，反复修正地质模型，制作新的地质模型，以最佳地符合地震资料。如果地震模型与地震资料对比误差最小，则这时的油藏地质模型就是反演的最终结果。

1) 模型迭代反演

基于模型反演方法思路，初始油藏地质模型可以很粗略地给出，模型沿剖面在若干控制点上用一系列不同的深度、厚度、速度和密度层来定义。在剖面的每一个道上，计算模型的反射系数序列，与一个估算子波或给定子波褶积，便得到合成的地震剖面。将合成地震剖面与实际地震剖面的对应道逐个进行对比，计算它们的最小平方误差或相似系数。开始时，二者之间的差别总是较大的，达不到最佳拟合。这就要反复迭代修改模型，制作合成地震剖面，与实际地震剖面对比，计算误差或相似性，直到合成地震剖面与实际地震剖面每一道都有最佳拟合为止。这时候用于制作合成地震记录的修改模型就是反演的最终模型。最终模型可用波阻抗或速度曲线形式输出。由于这种反演方法是作正演模型，因而不会受到地震频带宽度的限制，没有引入噪声，分辨率不受限制。但是，由于是用粗糙的地震道作为迭代反演的约束条件，反演结果将不是唯一的答案。

2）测井约束反演

基于模型的反演如果使用钻井测井资料作为约束条件，就可以提高反演结果的唯一性，至少在钻井位置上及其附近如此。HGS 公司 BCI 宽带约束反演就是一个例子，如图 4 - 2 - 3 所示。

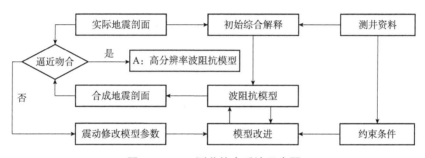

图 4 - 2 - 3　测井约束反演示意图

现在的问题是如何用钻井资料做约束？常用方法如下：

（1）用地震频带对测井波阻抗进行滤波，用来作为约束反演的初始波阻抗模型。

（2）做合成地震道，与井旁地震道对比。如果初始合成地震道与井旁地震道不相似，就对初始波阻抗模型进行修改，重新做合成地震道，与井旁地震道对比，如此反复进行，直到最终合成地震道与井旁地震道有最好的可对比性为止。这时的最终波阻抗模型就是井旁地震道的反演波阻抗。

（3）由井外推，把井旁地震道反演波阻抗当作下一地震道的测井波阻抗，重复井旁地震道的反演过程，做出下一地震道的反演波阻抗，然后做下一个道……直到把整个地震剖面反演完为止。

测井约束的最好办法是借助测井的高分辨率约束地震反演。按地震剖面层位解释把声波（和密度）测井沿层位横向外推，外推的同时可按层位的厚薄变化对测井曲线进行拉伸或压缩。多井约束时，井间可进行测井曲线的距离加权内插。以此作为约束反演的初始模型。这个初始模型完全保留了测井的高分辨率。

由于井外推和井间线性内插不能解决油藏的横向非均质性问题，要用地震资料来修正井外推和井间线性内插的测井曲线，实现非线性内插或外推。具体做法与所有模型反演方法一样，通过不断修正模型的波阻抗和厚度，制作合成地震道，使其尽可能与实际地震道吻合。最终修正的模型就是反演得到的波阻抗模型。反演波阻抗也可以用最终修正的模型和测井建立的初始模型按一定比例合成。

以模型为基础的反演方法是以测井资料为约束条件，采用正、反演结合进行迭代，求取地下波阻抗将反演方法推向非线性问题。这种新方法利用了测井资料的高频和低频信息，大幅度拓宽了地震信号的频带，可以更好地获得薄层、薄互层的波阻抗信息。因而表现出强劲的发展势头，是目前国内外各软件公司重点发展的技术，也是油田开发阶段进行储层预测、油藏描述的主要应用技术。

以模型为基础的反演主要分三个阶段进行：

首先，应综合地震、测井和地质等资料得到的波阻抗曲线、层位解释结果和岩性信息，确定一个初始波阻抗模型。这个初始模型需把应用地质知识解释的层位、断层和岩性信息反馈到反演中去。

其次，把地震道的估计结果与实际地震道相比，得到剩余误差值。利用这个误差，通过随机算法（或模拟退火、神经网络、遗传算法等非线性全局最优化方法），在噪声和模型协方差估计值的约束下，迭代修改模型，直到获得一个可以接受的剩余误差为止。最终控制反演过程的稳定性与分辨率，进而得到高质量的波阻抗剖面。

最后，利用测井岩性、物性、波阻抗反演结果采用拟合、地质统计学（克里金、协克里金）方法求取相关关系，进行岩性反演。

三、地震重构反演

在储层预测研究中，当储层与泥岩波阻抗差异不明显时，常规地震反演方法不能有效预测储层，无法满足精细储层预测的要求。单一测井曲线对特殊储层（如致密储层等）与围岩差异响应具有局限性，难以有效体现两者地球物理性质差异。采用测井曲线多频段融合等方法构建对储层特征敏感的曲线，突出储集层的地球物理响应，以达到刻画精细储层的目的。

地震重构反演是利用综合测井、地震、地质等多种资料开展地震反演工作，最终实现地球物理多信息融合，重点突出各信息的优势分量。各种地球物理资料中，波阻抗与声波时差测井曲线起到了关键作用。但波阻抗和声波速度曲线受各种因素限制往往与真实地层条件匹配不好，单一曲线的精度局限性影响地震反演储集层的精确分布。自然电位、电阻率等非速度类曲线在实际研究中对岩性识别具有明显优势，虽然地震资料与地震反射没有直接对应关系，但非速度类测井曲线与速度类测井曲线融合（如测井曲线频率融合重构反演，流程见图4-2-4），可以综合体现地层背景与岩性背景信息，相当于在地震反演过程中加入了丰富的地质先验信息和岩石物性信息，使反演结果更加准确（图4-2-5、图4-2-6）。

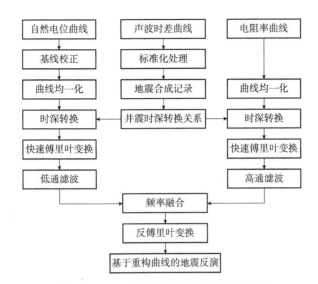

图 4 - 2 - 4　频率融合地震重构反演流程

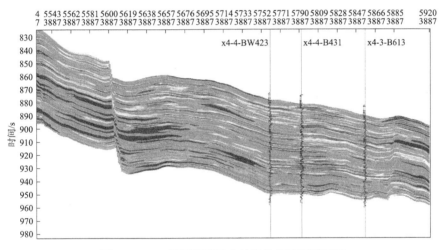

图 4 - 2 - 5　基于频率融合的重构反演预测剖面

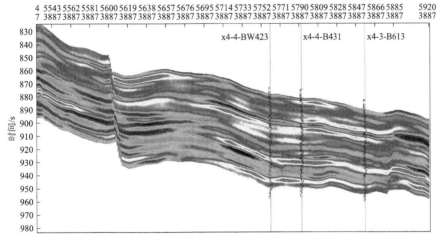

图 4 - 2 - 6　基于模型的地震波阻抗反演预测剖面

四、反演精度

地震资料反演结果的精度从反演的方法上来看不难想象，不论是递推反演、稀疏脉冲反演、基于模型的反演，还是目前尚未广泛应用的波动方程反演，均主要受以下几个方面的限制：

(1)地震资料本身的限制。用于反演的地震资料必须是高保真度资料，如果资料本身不是保持振幅处理的，那么在进行反演时，所得到的波阻抗就反映不了地下地层的信息，也就根本不能用于储层预测和油藏描述。此外，地震资料还应尽量具有高信噪比、高分辨率且准确成像，这些都将影响反演的分辨率，一句话，地震资料的品质将最终影响反演的分辨率。

(2)用于反演的测井资料品质。在进行反演前必须对工区内参加反演的测井曲线进行环境校正，进行全区曲线的归一化处理。如果测井曲线没有进行环境校正和归一化处理，在反演时同样反映不了地下地层的地质信息。

(3)子波的提取。以褶积模型为基础的反演方法需要子波来进行反射系数的提取，如何估算子波？怎样提取的子波才更适合于反演？才能得到准确的反射系数？目前子波主要是从地震、测井资料中提取，或两者综合进行提取。

(4)合成记录的标定。子波提取的好坏、地震资料极性的判别都需要用合成记录来判断。标定的结果将影响低频分量及反射系数的对应关系，最终影响波阻抗反演结果。

(5)地质模型的构建。反演的地震资料必须进行精细的层位、断层解释建立合理的地质模型，用于约束反演和提供低频分量。

(6)反演方法的选择。在不同的勘探、开发阶段我们所掌握的资料详细程度不同，采用的方法也应有所不同。在勘探阶段主要应用道积分、递归反演、稀疏脉冲反演。在开发阶段主要采用基于模型的反演，正、反演相结合迭代进行。勘探阶段的岩性反演主要采用统计公式转换，而开发阶段则主要利用地质统计学方法进行随机建模、随机反演。

五、地震反演课程设计实例

该课程设计内容包括测井敏感性分析、多元曲线重构、重构反演预测评价三部分。首先，利用常规测井曲线、测井解释成果开展储层敏感曲线分析，要求学生能够依据储层发育特征完成测井敏感曲线优选，根据敏感性分析结果，确定各优选曲线有利储层与非储层的门槛值。其次，开展曲线量纲化处理，在此基础上完成多元曲线重构，通过对比重构曲线与原始曲线岩电敏感程度，并不断调整重构参数，最终实现拟波阻抗重构曲线制作。最后利用重构拟波阻抗曲线，开展地震重构反演，以此实现实验区储层预测(图4-2-7)。

1. 实验区选择

实验区选择海拉尔盆地某油田断陷期主力油层，该油层沉积时期为断陷盆地强拉张阶段，受东北部、西北部物源控制。该时期除正常沉积砂泥碎屑岩外，晚期由于部分凝灰岩侵入，进一步复杂化了有利储层(含油储层)的空间分布(图4-2-8)，不同构造带不同井

对应的测井响应特征和产油量差异较大(表4-2-1)。本次选择20口典型井作为实验井,
教师预留5口井作为后验井,均匀分布在实验区各个构造部位(图4-2-9)。

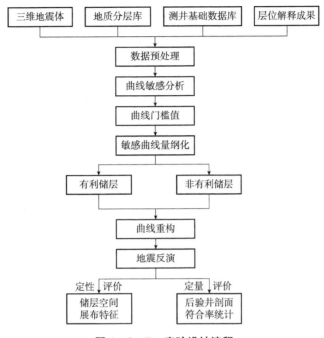

图4-2-7 实验设计流程

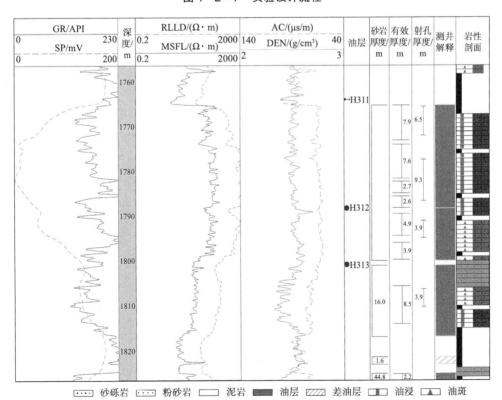

图4-2-8 典型井A井储层特征综合图

表 4 – 2 – 1   实验区不同构造带典型井地球物理响应数据

井名	MSFL/(Ω·m)	DEN/(g/cm³)	SP/mV	有效厚度/m	年产油量/t
A	>100	<2.55	>50	>40	3000
B	40~100	<2.55	10~50	>30	1800
C	>80	2.55~2.60	>10	>30	500
D	10~40	2.55~2.65	<10	<20	<200

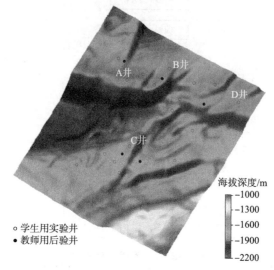

图 4 – 2 – 9   实验区构造形态概览

2. 课程设计流程

1) 测井敏感性分析

由于不同层段储层岩性、物性、含流体特征差异，不同类型测井曲线均表现出不同程度的响应特征。为了反映不同类型测井曲线对含油储层响应特征，有必要开展储层敏感曲线分析。要求学生根据实验提供的资料，能够利用 Discovery 软件完成曲线敏感性分析。该实验主要培养学生综合运用常规测井曲线反映的岩性、物性、流体综合基础知识，通过数理统计手段优选敏感曲线，并给出优选曲线门槛值 A，这是学生实验的第一个考核点。

2) 多元曲线重构

原则上含油有利储层测井响应值 X_i 应大于 A，非储层响应值小于 A，利用式(4 – 2 – 2)完成优选敏感曲线无量纲化处理。

$$X_{NEW} = \frac{X_i - A}{X_{max} - A} + 1 \ (X_i > A)$$

$$X_{NEW} = \frac{A - X_i}{A - X_{min}} \ (X_i < A) \qquad\qquad (4 - 2 - 2)$$

式中，X_i 为测井曲线原始响应值；X_{max} 为测井曲线响应最大值；X_{min} 为测井曲线响应最小值；X_{NEW} 为归一化处理后测井响应值，其中有利储层响应值域范围为 1~2，非储层响应值域范围为 0~1。

对于上述优选出的 N 条归一化后敏感测井曲线，利用式(4-2-3)开展多元重构曲线处理。

$$Y = \prod_{i=1}^{N} X_{\mathrm{NEW}}(i) \qquad (4-2-3)$$

式中，Y 为储层重构曲线响应值。由于储层响应的测井曲线值均大于1，依据式(4-2-3)计算曲线值势必增大，即变换后的曲线对储层响应越敏感，反之亦然。该方法增强了储层与非储层测井响应差异程度，从而提高了储层预测精度。

多元曲线重构过程中需要学生结合各曲线的储层响应特征，不断调整敏感曲线门槛值 A，从而提高地震重构反演效果，该实验内容重点考核学生对测井曲线原理理论知识的理解，既要保证重构曲线形态与储层厚度具有较好的对应关系，又要满足曲线形态不失真，这是学生实验的第二个考核点。

根据各实验井的重构曲线，参照云班课中地震反演操作流程，在教师预设的反演参数下完成实验区地震重构反演，并提取目的层段储层反演属性平面图，与实验提供的常规反演效果图对比，定性分析重构反演预测效果。

3. 成绩评定标准

学生依据实验过程数据编写实验报告，实验报告成绩考核标准如下：

1) 曲线敏感性分析考核标准

学生根据实验提供的基础数据进行数据处理，要求学生在建立基础数据库基础上，能够独立完成地层对比，通过对比发现问题井，咨询指导教师完成数据校正。利用 Discovery 软件的单井分析、连井对比软件模块，分析有利储层与测井曲线响应对应关系(图4-2-10)，并优选出含油储层的敏感测井曲线，综合划分门槛值。以 N21 油层为例，要求学生从实验提供的6类测井曲线中优选出敏感曲线，并通过直方图法，明确曲线门槛值 A。教师可根据学生优选敏感曲线类型和曲线门槛值的合理性进行综合评分。

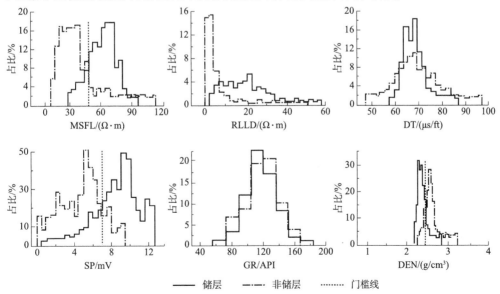

图4-2-10　测井曲线敏感性分析

2) 曲线重构考核标准

基于 Discovery 软件中 log Analysis 模块,通过式(4 - 2 - 2)开展优选曲线归一化处理,并利用式(4 - 2 - 3)实现曲线重构工作。以图 4 - 2 - 11 为例,该井在目的层内共发育含油储层 6 处,通过曲线敏感性分析可知,自然电位曲线对较厚砂岩更为敏感,如 1#、3#、4# 砂体的自然电位响应达到 12mV 左右,而对于其他类型储层响应不明显,如 5# 砂体和 6# 砂体下部自然电位响应值低于门槛值,显然单一利用自然电位曲线不能实现薄储层识别;深侧向电阻率对薄层砂岩响应较明显,弥补了自然电位曲线薄砂岩响应差的问题;针对凝灰质砂砾岩而言,鉴于凝灰质砂砾岩密度远高于碎屑砂岩密度这一普遍现象,因此,密度曲线响应频率明显高于自然电位曲线和深侧向电阻率,能够很好地区分凝灰质砂砾岩和砂岩。因此,为了发挥敏感曲线各自优势,采用多元曲线重构的方法,通过曲线无量纲化处理和多元曲线重构,有效地解决了凝灰质砂砾岩、砂岩和泥岩识别难题,重构后拟波阻抗曲线对不同岩性类型储层响应均有所改善,相对于单一曲线对储层界限响应更加明显,垂向分辨率更高。教师根据学生报告中典型井曲线重构对比图效果来评定成绩。

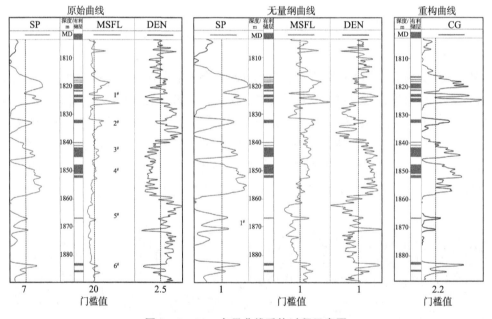

图 4 - 2 - 11　多元曲线重构过程示意图

3) 预测效果考核

实验预测效果包含反演剖面、平面和后验井评价三部分。剖面评价需要对比包含反演参与井与后验井的连井反演剖面图质量。图 4 - 2 - 12 中单一曲线和多元曲线重构地震反演剖面对比来看,重构反演剖面质量明显提高,且在后验井点位置处储层纵向分辨率改善明显。平面评价部分,学生通过对比教师提供的单一曲线地震反演预测平面图,明确有利储层发育部位、形态特征。采用多元曲线重构地震反演预测有利储层发育部位主要集中在实验区中部[图 4 - 2 - 13(b)],与砂岩、砂砾岩发育厚度最大的西北部[图 4 - 2 - 13(a)]差异明显，需要学生在此部分能够结合地质背景及井点实钻情况进行综合分析。

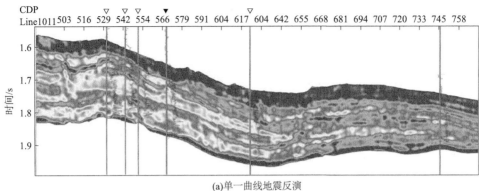

(a)单一曲线地震反演

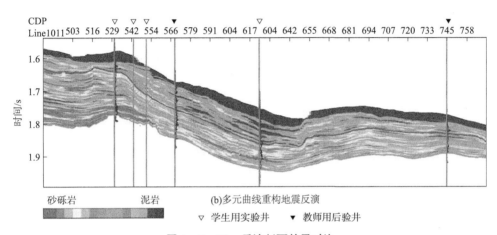

(b)多元曲线重构地震反演

▽ 学生用实验井　　▼ 教师用后验井

图 4 - 2 - 12　反演剖面效果对比

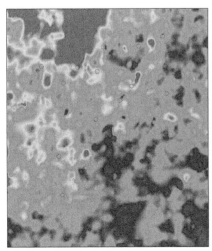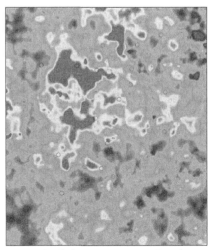

(a)单一曲线储层预测效果　　　　　　　(b)多元曲线重构有利储层预测效果

图 4 - 2 - 13　反演平面效果对比

第五章　地震资料解释技术展望

第一节　烃类检测技术

长期以来，地震只是作为一种找构造的勘探方法，但是人们一直努力试图用地震直接找油、气，1972年西方国家根据反射地震资料成功地直接测试了浅海油气田的存在。地震勘探进入了探测油气藏的发展阶段，20世纪70年代开始直接用亮点标志找油，在1971—1972年引起轰动，但一经推广便遭到失败。后来又进一步发展了AVO技术。

一、地震剖面上烃类指示标志

1. 亮点

亮点是指在地震反射剖面上由于地下油、气藏存在所引起的地震反射波振幅相对增强的"点"。经相对振幅保持处理得到亮点剖面，因为在剖面底图上这组强反射透明得发白（在剖面图上是黑的），而与其上下左右的反射相比，显得更明亮，故称为亮点。亮点剖面上反射波的振幅近似地反映出相应的反射界面的反射系数比。或者反射波的振幅能够定性反映出相应的反射界面的反射系数，即反射系数大的反射波振幅较强，反射系数小的反射波振幅较弱。所以亮点技术主要是振幅信息。

通常由于含气砂岩中地震波速度明显降低，使气顶反射系数异常高，这样就在含气砂岩顶面产生特别强的反射波，形成亮点（图5-1-1）。

2. 暗点

暗点是与亮点相对的术语，

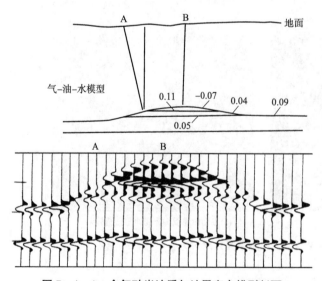

图5-1-1　含气砂岩地质与地震亮点模型剖面

指的是比周围反射振幅明显减弱，甚至消失的反射波。

产生暗点的主要原因是储层含水时波速高于盖层的波速，当含气时储层波速明显降低，从而使储层与盖层间的波阻抗差减小，反射系数变小，出现暗点。这种情况在碳酸盐岩和碎屑岩中都会出现。例如碳酸盐岩中含气，在页岩覆盖下，表现为振幅明显减弱，油气储集层在地震剖面上显示的不是亮点，而是暗点。在图 5 - 1 - 2 中，430 桩号附近的 1.4s 处，含气构造顶部的反射振幅明显减小，表现为暗点。

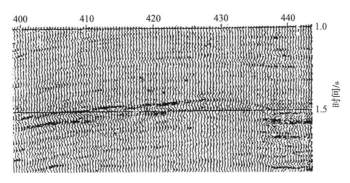

图 5 - 1 - 2 含气碳酸盐岩显示暗点的地震剖面

3. 平点

砂岩储集层中的油、气、水在重力的作用下，使气 - 水或气 - 油的流体接触面保持水平，当含气砂岩厚度足够大时，在含气砂岩的底面将产生较强的水平反射，这种特征称为平点。如图 5 - 1 - 3 所示的剖面上，在大约 1.9s 的拱形反射顶点的下面，产生来自流体接触面（时间约 2.0s）的水平反射，即为平点显示。

图 5 - 1 - 3 平点显示为气 - 油 - 水的接触面

一般来说，在亮点之下出现平点，这一特征是检测油气最直接的标志。这是因为不同流体接触面的地质界面在地震剖面上产生同样的反射特点是少见的，而在地震剖面上出现强反射振幅、没有油气存在的假亮点却是经常可见的。

4. 速度降低

含气砂岩比含水砂岩或含油砂岩的速度低，这既反映在叠加速度上，也表现在层速度上。低速异常可以通过速度分析和层速度计算来发现。在地震剖面上，由于含气砂岩的速度低，地震波通过该层旅行时增大，从而导致含气砂岩下面的水平反射因速度下拉效应产生界面下陷的现象。如图 5 - 1 - 4 为速度下拉效应。在剖面深 3000m 范围内多层产气。剖面上 1.1s 的反射层因速度下拉效应出现明显时间滞后，反射界面下弯。受速度下拉效应的影响，在 1.8s 底部反射层累计滞后时间达 0.1s。低速厚层产生明显的时间滞后，而低速薄层表现为波形畸变。

5. 极性反转

含气砂岩的顶面反射系数一般是负值，上覆页岩与含水砂岩接触面，气-水界面和含气砂岩与下伏岩层界面的反射系数都是正值。这样就形成含气砂岩顶面的反射波极性，与其下面各界面的反射波极性，特别是两侧含水砂岩顶面的反射波极性相反，即反射波的相位相差180°。

图5-1-5是极性反转的实际剖面，在圆圈内1.25s的强反射层突然中断，并发生极性反转。这种极性反转的现象正好发生在含气砂岩的边界，表现为含气层反射的波峰对应于邻近含水层反射的波谷。

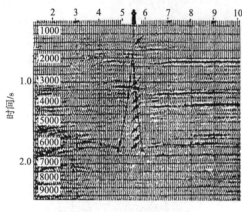 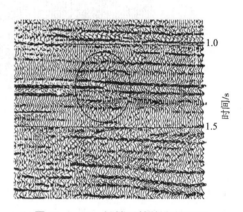

图5-1-4 速度下拉效应　　　图5-1-5 极性反转的实际剖面

6. 频率下降

岩石中含油或含气，能吸收波的能量，因而在油气聚集的下面，地震波的主频急剧降低。与油气聚集带两侧相应的层位相比，其主频明显降低。这种现象在普通地震剖面上难以识别，通常需结合频谱分析来识别。

7. 波的干涉和绕射

含气砂岩、含油砂岩与含水砂岩的厚度均向两侧变薄至尖灭。因而，在含气或含油砂岩与含水砂岩边缘界面将发生干涉，形成干涉带，并在其边缘产生绕射波。

虽然烃类检测的方法很多，上述几种标志行之有效的还是振幅标志。但并不是所有亮点都是油气层的反映，也不是所有油气层都有亮点。因此，只有综合利用上述各种标志，分析和区别真假亮点，并结合其他地震技术，才能提高烃类解释的可靠性。

二、AVO 技术

AVO(Amplitude Variation with Offset)是振幅随偏移距变化或振幅与偏移距关系的英语缩写。AVO 技术是一项利用振幅随偏移距的变化特征来分析岩性和进行油气藏监测的地震勘探新技术。反射系数对反射角度的依赖关系反映了这种变化，在某些沉积环境中，这种振幅变化可能提供了烃类存在的重要信息，在叠前对地震反射振幅随炮检距(入射角)的变化规律进行分析，估算介质弹性参数泊松比，借此对岩石孔隙中的流体性质和岩性作出推断。

1. AVO 技术分析的地质基础

实验室测量表明，不同的岩石，其泊松比 v 分布范围是不同的，在某些场合下甚至不出现重叠区间。例如，砂岩：0.17 ~ 0.26，白云岩：0.27 ~ 0.29，石灰岩：0.29 ~ 0.33，图 5 – 1 – 6 为不同岩性和地震参数的关系比较，只利用纵波速度 V_P（一维坐标 V_P），区分砂岩和泥岩是困难的，因为砂岩和泥岩的速度出现很大的重叠区间，而综合泊松比 v 和纵波速度 V_P 情况就不一样，砂岩和泥岩在 $V_P - v$ 坐标中不出现重叠区间，油气也可区分。因此，在油藏描述中，综合纵波和横波信息比单纯使用纵波信息更为有效。

通常含气和含水砂岩的弹性模量是不同的。气体饱和与水饱和岩石的弹性模量虽然有重叠区间，但气体饱和的岩石的值一般较低，特别是泊松比在气体饱和砂岩中通常显示特别低。与含水砂岩相

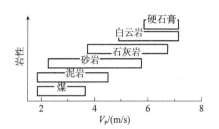

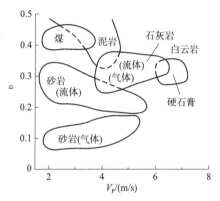

图 5 – 1 – 6　地震参数与岩性的关系

比，含气砂岩 V_P 显著减少，而 V_s 几乎不变，略有上升，这样导致了含气砂岩的低泊松比现象。因此，泊松比对于区分水饱和及含气饱和的岩石有特殊的意义。

对于沉积岩，泊松比测量结果有以下几点结论：

(1)未固结的浅层盐水饱和沉积岩往往具有非常高的泊松比(0.4 以上)。

(2)泊松比往往随孔隙度的减小及沉积物固结而减少。

(3)高孔隙度的盐水饱和砂岩往往具有较高的泊松比(0.3 ~ 0.4)。

(4)气饱和高孔隙砂岩往往具有低泊松比(如低到 0.1)。

图 5 – 1 – 7(a)是当孔隙度为 33% 时，速度与含水饱和度的关系曲线。它以埋深 5828m 的一饱含水的砂层作为控制点(即图上 $V_P = 2499m/s$ 的点)。这条曲线反映了在上述条件下，含水饱和度由 0 变到 100% 时 V_P 和 V_s 的变化情况。从图 5 – 1 – 7(a)中可以看出，含气从 0 变到 3% ，就可使 V_P 从 2499m/s 突然减小到 1985m/s，说明在非固结砂层中，只要有一点气，速度就会受到较大影响。所以很难判断砂层中只含一点气，还是具有经济价值的气藏。从图 5 – 1 – 7(a)中还可以看出气层或孔隙中的流体多少对横波速度的影响很小，可忽略不计。

图 5 – 1 – 7(b)是泊松比与含水饱和度的关系曲线。当含气时，泊松比可从 0.33 突然下降到 0.12。

图 5 – 1 – 8(a)是含水饱和度为 100% 时，速度与孔隙度的关系曲线。从图 5 – 1 – 8

（a）中可以看出 ϕ 从 10% 变到 40% 时，V_P 减低 33%，V_P 和 V_s 都随孔隙度的增大而大致呈线性减小。但从图 $5-1-8$（b）上孔隙度与泊松比的关系曲线来看，孔隙度变化对泊松比影响很小。这与图 $5-1-7$（b）很不一样，这就表明，若在一定深度发现地震剖面上有振幅异常，可能是孔隙度有变化，也可能是孔隙中流体发生变化（当岩性不变时）。为了确定亮点是由孔隙度引起的，还是由孔隙中流体的改变引起的，可以利用泊松比这个参数。

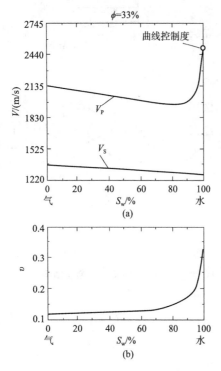

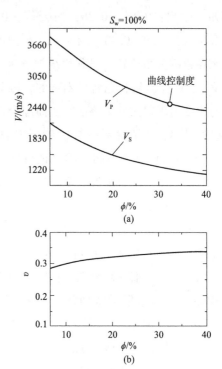

图 $5-1-7$　速度（V）、泊松比（υ）与含水饱和度关系

图 $5-1-8$　速度（V）、泊松比（υ）与孔隙度关系

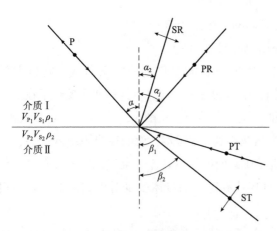

图 $5-1-9$　平面纵波入射时各种波质点位移

2. AVO 技术的基本原理

AVO 技术是在叠前对"地震振幅随炮检距变化"特征进行分析，借此对岩石中孔隙流体性质和岩性做出推断。基础是平面波在反射界面上的反射和透射与入射角、反射角、透射角有关，如图 $5-1-9$ 所示。

入射一个纵波，可产生反射纵波、反射横波、透射横波。由于上下界面的速度、密度不同，纵、横波的速度也不同，可以建立一个方程组（Zoeppritz 方程），该方程描述了非零入射角的反射系数与界面两边介质弹性模量及入射角的关系。由于方程比较烦琐，近年来研究了近似公式。在此我们用图来说明问题。一般情况下，当地下某个界面的反射系数没有异常时，地震反射波的振幅随炮检距的增大(入射角增大)而减小。在一定条件下含气、油砂岩，其顶、底面反射振幅随炮检距(入射角)的增大而增加，特别是含气砂岩更明显，而含水砂岩和干砂岩没有。利用这一特点，经过处理，制作图件，可直观定性、定量表示出来，便于解释。

3. AVO 资料的处理

AVO 资料的处理可分为两个阶段。

第一阶段是 AVO 分析的预处理阶段。它包括从野外记录的解编一直到作出 NMO 后的道集，此阶段主要采用常规处理模块，不使用任何形式的多时窗的自动增益控制。

第二阶段为 AVO 属性处理阶段。在预处理的基础上为作 AVO 的定性和定量分析所作的各种处理，包括角度道分析和地震属性分析的各种 AVO 剖面。

(1)由于 AVO 分析对资料处理提出了很高的要求，而 AVO 的预处理是 AVO 属性处理与 AVO 分析的基础，因此它比地震资料的常规处理要求更高。在 AVO 预处理流程中要做好以下工作：

精细的波前扩散补偿；震源组合与检波器组合效应的校正；反 Q 滤波；地表一致性处理(地表一致性反褶积、地表一致性振幅校正、地表一致性静校正)；叠前去噪处理；叠前剩余振幅补偿；精细的初至切除、精细的速度分析和高精度的动静校正；f－k 滤波、DMO 和叠前偏移等。

(2)在 AVO 预处理的基础上，可以进行抽角度道集，得到适合 AVO 属性分析的道集，进而根据具体情况作各种属性剖面。

所谓角度道是指来自某一反射角或反射角范围内的所有不同时刻的反射能量的一道记录。把属于期望反射角(或反射角范围)的和固定炮检距记录的相应部分合并，就可以得到该反射角的角度道。对不同的反射角，重复这一过程，就得到不同的角度道。在一个 CDP 道集中，不同炮检距的记录经过动校正后构成一个普通的动校正道集，经角度转换后，不同角度道的集合构成一个角度道集。对角度道进行不同的排列、组合及处理后，可形成各种 AVO 属性剖面，常用的有：角度道部分叠加道集剖面；固定角度叠加剖面；排列滚动叠加剖面；能量包络差剖面；P 波剖面和梯度剖面；限制梯度剖面；泊松比差值剖面和 S 波剖面；线性相关系数剖面；各种加权的属性剖面。

4. AVO 技术应用

岩石物性研究发现，当砂岩中含气时，P 波速度明显降低，并且含气时泊松比也明显低于含水时泊松比，反射系数公式及理论曲线研究指出，在中等入射角以下，反射系数对界面两边泊松比的变化很敏感。

根据波阻抗的大小可将含气砂岩分为三类：①低阻抗含气砂岩；②波阻抗差近于零的含气砂岩；③高阻抗含气砂岩。这三类含气砂岩的反射系数曲线如图 5－1－10 所示。图中曲线 1、2、3 分别对应上述三类砂岩，其中有两条曲线标有 2，这两条曲线表示第 2 类砂岩反射系数的可能变化范围。

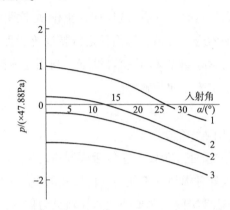

图 5 - 1 - 10　三种含气砂岩的反射系数曲线（据 Rutherford et al. ，1989）

1）低阻抗含气砂岩

低阻抗含气砂岩多出现在海相地层中，且往往是未经压实和固结的（图 5 - 1 - 11）。常常在 P 波反射剖面上形成亮点，它的上覆地层为 V_P 较高的泥岩或页岩时，因为页岩、泥岩的 V_P 和泊松比 v 通常较大（0.3 ~ 0.4），大于含气砂岩的 V_P 和 v，这时的反射系数（绝对值）随入射角的增大而增大。而泥页岩和含水砂岩界面的反射系数却非如此，它是随入射角的增大而稍稍减小（绝对值），原因是含水砂岩的 V_P 和 v 都比含气砂岩的大。其他岩层分界面上的反射系数一般也不具备上述含气砂岩界面反射系数特点。这就是 Ostrander 提出的用 AVO 方法识别含气砂岩的理论基础。

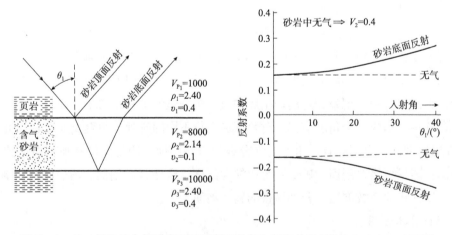

图 5 - 1 - 11　低阻抗含气砂岩 P 波反射系数与入射角关系（据 Ostrander，1982）

在 CDP 道集上低阻抗含气砂岩的反射波特征是反射振幅随炮检距的增大而增大。根据这个特征识别含气砂岩，在国内外已有不少成功的实例。

2）波阻抗差近于零的含气砂岩

这类含气砂岩多出现于近海和陆上沉积中，常常是中度到高度压实的成熟砂岩，与其上覆泥页岩波阻抗几乎相同，因此法向反射和小入射角时反射振幅近于 0。与一般噪声水平相当而难以检测。在较大入射角时，反射振幅随入射角增大而增大（绝对值），而且变化率比低阻抗含气砂岩的大，这类含气砂岩的 AVO 特征与低阻抗型含气砂岩的基本相同。它在叠加剖面上不形成亮点，并且在噪声水平较低、炮检距足够大时才能检测出 AVO 特征。

3）高阻抗含气砂岩

这类含气砂岩存在于陆上硬质岩层中，是中高度压实的成熟砂岩。它具有高于上下泥页岩的波阻抗，其 P 波反射系数曲线为图 5 – 1 – 10 中的曲线 1。当入射角由 0 逐渐增大时，反射系数先为正值，并逐渐减小，直至为 0，然后反射系数为负值，其绝对值随入射角的继续增大而增大。这类含气砂岩在 P 波叠加剖面上有时会表现为暗点，但这类暗点不是因为反射系数近于零而产生的，而是叠加时正负极性振幅相消干涉所致。

在应用中必须结合工区的钻井和地震资料特点，建立 AVO 识别标志，进行综合解释。从某种意义上说，AVO 更适合于在气藏描述阶段使用。其基本原理为：在一定条件下，含气、油砂岩，其顶、底面反射振幅绝对值随炮检距（入射角）的增加而增加，而含水砂岩和干砂岩却没变。利用这一特点可以定量检测油气。

第二节　五维地震资料解释

一、"两宽一高"地震资料

所谓宽方位、宽频带、高密度的"两宽一高"是地震技术的又一次飞跃。"两宽一高"泛指野外采集中使用宽频带的激发震源、宽方位的观测排列和高密度的空间采样。"两宽一高"地震技术引领油气地球物理迈向海量数据、高精度勘探的新时代。

宽方位可以提供更多的观测角度，提高构造成像精度，有利于各向异性研究。宽频带指低频可控震源的宽频激发，能获得更丰富的低频信息，从而可以更有效地识别砂体横向边界，预测含油气性，有效提高反演可靠性。高密度可使数据采样更加充分，成像边界更加清晰。

在地震资料采集过程中，当观测系统中的横向与纵向排列的比值大于 0.5 时即为宽方位地震采集，反之，则为窄方位采集。如果横向与纵向排列的比值等于 1.0，则为全方位采集，若横纵比大于 0.95，可近似认为是全方位采集，即在每一个方位角上都是均匀采集。虽然曾经对宽方位地震勘探存在过学术争议，但经过实践研究已经基本达成共识。相较传统的窄方位地震勘探，宽方位地震勘探有很多优势：宽方位采集可以进行全方位观测，增加采集照明度，获得较完整的地震波场；宽方位地震勘探可研究振幅随炮检距和方位角的变化（AVOA）、地层速度随方位角的变化（VVA），从而增强识别断层、裂隙、地层岩性和流体的能力；宽方位地震勘探具有更高的陡倾角成像能力和较丰富的振幅成像信息；宽方位地震勘探还有利于压制近地表散射干扰，提高地震资料信噪比、分辨率和保真度。

宽方位勘探目的在于获得观测方位、炮检距和覆盖次数分布尽可能均匀的高品质的宽方位地震数据，这也意味着需要投入更多的设备、财力和人力。在采集方面，考虑成本等因素，宽方位地震采集于21世纪初率先在海上得到广泛应用，之后，在陆上逐渐得到应用。目前，该技术在国内已经得到推广应用，对进一步提高复杂高陡构造、碳酸盐岩缝洞体、岩性油气藏成像质量和裂缝预测精度起到了重要作用。在宽方位地震采集技术推广应用的同时，对应的宽方位地震数据处理技术也得到了较快的发展。如由Vermeer首先提出的炮检距向量片（Offset Vector Tile，OVT）处理技术、Carry等在1999年提出的共炮检距向量（Common Offset Vector，COV）处理技术及Earth Study处理技术等。虽然这些技术名称不同，但都体现了"片（Tile）"的概念，以"片"为单位建立并处理同时包含炮检距和方位角信息的高品质"五维"（空间三维坐标＋炮检距＋方位角）的共反射点地震道集。鉴于这些技术的特点，可以统称为OVT处理技术。

近年来针对特殊的地质条件，如复杂山地山前带、沙漠地区、黄土塬区、勘探程度较高的东部地区等，陆上宽方位采集技术在采集方式方面不断发展，取得了良好效果。对于碳酸盐岩缝洞储层，实施了高密度全方位三维地震勘探，取得的资料改善了缝洞储层的成像效果，显著提高了小尺度缝洞储层的识别精度和裂缝预测精度，如图5-2-1所示，对于体积较大且反射较强的缝洞体，两者差别不大，但对于体积较小或反射较弱的缝洞体，由高密度全方位三维资料得到的成果品质改善明显，成像效果较好，小缝洞体识别精度较高。

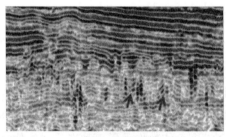 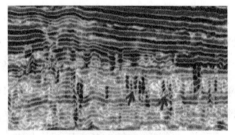

(a)常规三维偏移剖面　　　　　　　　　　(b)全方位三维偏移剖面

图5-2-1　常规三维和全方位三维偏移剖面（据刘依谋，2013）

二、OVT数据域五维地震资料解释

OVT数据域地震资料包含了空间三维坐标及丰富的方位角和炮检距信息，可以更好地分析地震波在各向异性介质中传播时，其旅行时间、速度、振幅、频率和相位等属性随方位角的变化信息，而且地震资料中的炮检距信息与目标地质体的尺度、地层岩性和流体成分等具有相关性，方位角信息则与地层中的断裂和裂缝等的发育特征相关。

利用OVT道集的方位各向异性地震属性可以进行包括构造解释、地层解释、岩性解释、流体解释、裂缝预测等在内的 OVT 数据域五维地震资料解释。利用多个炮检距的地震响应信息差异性可识别地层岩性和流体特征，利用多个方位地震响应信息差异性可识别地层的裂缝发育特征。

1. 构造解释

由于地下构造都是三维立体展布，常规的窄方位地震数据在有限的方位内很难做到对地下地质体的全方位观测和描述，开展不了不同方位的构造解释工作，而 OVT 数据域五维地震数据可对三维空间分布的地质体的边界和内幕从不同的方位上给予准确的成像和描述，因此可利用 OVT 数据域五维地震数据进行多方位的地质解释，对地质体从不同的方位进行描述，然后将不同方位的刻画结果进行联合优化解释(图 5-2-2)，可更清晰准确地确定和描述地质体的分布范围及岩性组合和沉积特征等内幕细节(图 5-2-3)，如图 5-2-3(c)所示，基于 OVT 数据域数据体解释的断裂系统更具有规律性，提高了构造解释精度，而且可解释出新的小断层，落实一系列断层控制的断块圈闭。

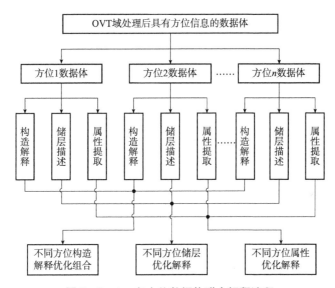

图 5-2-2 多方位数据体联合解释流程

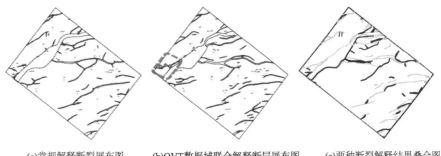

(a)常规解释断裂展布图　　(b)OVT数据域联合解释断层展布图　　(c)两种断裂解释结果叠合图

▨ 常规解释　■ 不同方位联合解释

图 5-2-3 常规解释和 OVT 数据域联合解释断裂系统对比

2. 地层解释

地震资料地层解释通常根据地震剖面总的地震特征，即一系列的地震反射参数来划分沉积层序，分析沉积岩相和沉积环境，进一步预测沉积盆地的有利油气聚集带。在构造解释的基础上，综合利用 OVT 数据域对砂体空间展布范围在不同方位上成像和刻画的特点，应用 OVT 数据域中的岩层振幅属性可对砂体空间展布特点进行精细的解释和刻画，图 5-2-4 中，在不同方位的地层振幅属性上，砂体的边界、内部展布细节和不同部位的振幅强弱存在差异，由此可根据不同方位的差异分析砂体空间展布的特点。地震波在地下介质的传播过程中，其反射振幅会随方位角不同而变化，而在 OVT 数据域中振幅方位各向异性信息更加丰富明显，利用这一信息分析地层厚度及地层结构，可更有效地进行基于 OVT 数据域的五维地震资料的地层解释。

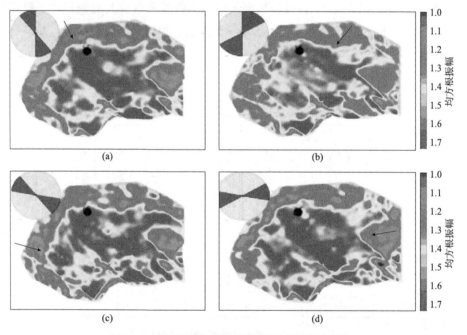

图 5-2-4　四个不同方位数据体砂体展布特征

3. 岩性解释

岩性变化在宽方位地震资料中有着更明显的体现，特殊岩性体在不同方位的地震数据上会有不同的体现，通过对 OVT 数据域地震数据体进行适当的数学运算，求取相干、振幅、相位等典型地震属性，可凸显特殊岩性体的存在，在此基础上可对特殊岩性体进行更有效的识别。具体做法是对不同方位的数据体进行归一化处理，然后对归一化处理后的不同方位的数据体进行加、减、乘等运算来突出异常体(图 5-2-5)。以渤海湾盆地黄骅坳陷的某地区为例，该区域的火成岩与围岩相比速度差别不大，在常规地震剖面上反射特征不易区分。比较图 5-2-6(a)和图 5-2-6(b)不同方位角的偏移剖面，各种反射特征几乎相同，但难以识别特殊岩性体(虚线椭圆内所示)，图 5-2-6(c)为经过不同方位归一化后的乘积剖面，由图 5 - 2 - 6 可见，特殊岩性体可以很清晰地识别出来，图 5 - 2 - 6 (d)是基于该方法识别出的特殊岩性体。基于 OVT 数据域五维地震资料，求取不同方位的反射特征差异，可有效进行岩性解释。

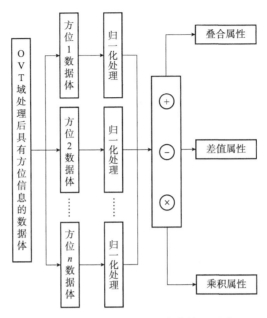

图 5 - 2 - 5　方位数据体联合岩性识别流程

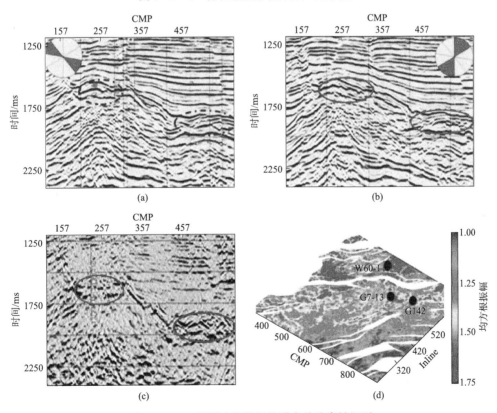

图 5 - 2 - 6　不同方位数据体联合特殊岩性识别

4. 裂缝预测

OVT 数据域五维地震资料最大优势在于方位角和炮检距分布范围更大、更加丰富且均匀，可充分进行方位各向异性分析。由于方位各向异性的存在，地震波在裂缝型介质中传播时，地震属性会随着方位发生变化，可以利用这些属性的变化来检测裂缝。

利用叠前方位角道集进行裂缝型储层预测研，图 5 – 2 – 7(a) 为预测得到的 M 地层过井剖面的裂缝密度发育情况，图 5 – 2 – 7(b) 为 M 地层带有裂缝走向的三维立体显示图，图 5 – 2 – 7(c) 为 A 井旁的裂缝密度和走向的三维立体显示图，图 5 – 2 – 7(a) 到图 5 – 2 – 7(c) 中红色部分代表椭圆率的高值区域，即裂缝发育带，黑色短线方向表示裂缝走向，线条长短表示裂缝密度的大小。图 5 – 2 – 7(d) 为 A 井裂缝走向和裂缝密度的玫瑰花状图。从图 5 – 2 – 7(d) 中可以看出裂缝预测结果与 A 井测井成像资料实测的裂缝密度和裂缝走向基本吻合，证实了利用五维地震数据进行裂缝预测的有效性。

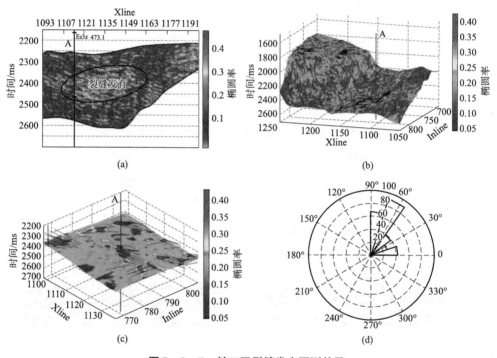

图 5 – 2 – 7　某工区裂缝发育预测效果

三、五维地震解释技术展望

现有的地震岩石物理理论、地震属性、叠前地震反演、流体识别方法等，欠缺对五维地震数据的描述、信息挖掘和利用。宽方位地震资料五维数据解释，需要在地震岩石物理、地震波场与响应模式、五维解释理论及应用方面进行创新。

五维地震数据解释有以下难点与研究方向。

一是裂缝的五维几何属性刻画方法。瓶颈难题是目前几何属性提取方法欠缺五维地震方位信息的考虑。解决方案为定义区别于传统地震属性的五维地震视域下的几何属性，构建融合算子以选择对裂缝敏感的优势信息，形成"几何属性 – 方位振幅"联合驱动的裂缝空间刻画技术。

二是复杂裂缝模型参数化。瓶颈难题是现有裂缝型储层模型参数化以单组裂缝为主。解决方案为根据目标储层特征，研究多种类型裂缝型储层五维地震模型参数构建方法，表征不同类型裂缝储层。

三是五维地震鲁棒性反演方法。瓶颈难题是各向异性参数贡献度小，反演方法鲁棒性差。解决方案为实现地下介质反演参数稳定预测的反演策略的创新，指导储层五维地震各向异性稳定反演。

正如当初从二维解释到三维解释过渡一样，五维数据的解释还有非常长的路要走。要挖掘极其丰富的宽方位五维数据，在构建储层五维地震油气敏感参数、创新储层和油气敏感参数五维地震反射系数参数化方法、实现岩石物理指导下五维地震油气敏感参数直接反演，以及形成五维地震海量数据信息挖掘的储层参数表征和油气直接识别技术等问题上，其理论、方法、技术都要求我们去探索、去创新。

附录Ⅰ 地震资料解释基础数据要求

一、地震数据

1. 地震数据道头信息

地震数据道头及示例波形信息如图Ⅰ–1所示。

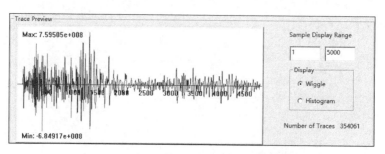

图Ⅰ–1 地震数据道头及示例波形信息

2．地震测网

地震数据三点坐标及三维测网如图Ⅰ-2所示。

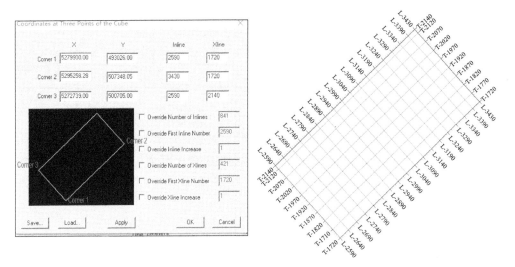

图Ⅰ-2 地震数据三点坐标及三维测网

二、井数据

1．井头信息

钻井数据井头信息包括井点名称(Well name)、井位坐标(x，y)、补心海拔(KB)、完钻井深(Total depth)。具体格式见表Ⅰ-1。

表Ⅰ-1 钻井数据井头信息

井名	x	y	KB/m	完钻井深/m
SL-20-4	509362.5	5288217.1	623.6	2195.00
SL-20-5	508276.9	5286357.2	625.4	2170.00
SL-20-6	508987.8	5288952.6	624.6	2220.00
SL-36-4	508660.8	5289554.5	623.7	2431.00
SL-36-5	510124.0	5290241.9	622.0	2700.00

2．钻井分层

钻井分层数据的格式分为三列，包括井点名称(Well name)、分层名称和分层深度(表Ⅰ-2)。

表Ⅰ-2 钻井分层数据 单位：m

井名	分层名称	分层深度
SL-20-4	K1d1	970.00
SL-20-4	K1n1	1794.00

井名	分层名称	分层深度
SL－20－4	K1t	1998.00
SL－20－5	K1d1	1095.00
SL－20－5	K1n1	1790.00
SL－20－5	K1t	2015.00

3. 井曲线

测井曲线有多种不同格式的数据，常用的有 LAS 格式和 ASCII 格式。以地震解释软件 Landmark 中测井曲线 ASCII 格式为例，说明测井曲线数据要求，其中 aa、bb、cc 是为了界定格式的方便添加上去的(图 I－3)。

```
aa:   SL-20-4
bb:   DEPTH          DT          LLD          LLS          DEN
cc:   2187.0001      186.3583    241.768      190.673      2.63
cc:   2187.1001      186.3287    247.1937     195.5203     2.632
cc:   2187.2001      185.6201    251.443      199.084      2.636
cc:   2187.3001      185.0098    254.879      201.799      2.637
cc:   2187.4001      184.5144    257.5763     203.7842     2.636
cc:   2187.5001      184.6621    257.921      203.938      2.637
cc:   2187.6001      184.9406    256.7754     203.1716     2.635
cc:   2187.7001      185.3347    254.315      201.593      2.631
cc:   2187.8001      185.7644    249.741      198.662      2.631
cc:   2187.9001      186.0138    245.917      196.3233     2.629
cc:   2188.0001      186.0794    242.872      194.602      2.626
cc:   2188.1001      185.6401    242.2935     194.7078     2.627
cc:   2188.2001      184.9377    243.143      195.875      2.627
cc:   2188.3001      183.9173    245.698      198.311      2.626
cc:   2188.4001      183.3458    249.1696     201.3981     2.625
cc:   2188.5001      183.2579    252.651      204.478      2.625
cc:   2188.6001      183.8576    256.0146     207.451      2.625
cc:   2188.7001      184.7572    259.653      210.57       2.627
cc:   2188.8001      185.7251    263.711      213.969      2.627
cc:   2188.9001      186.7359    268.4727     217.8495     2.625
cc:   2189.0001      186.8701    274.442      222.536      2.59
```

图 I－3　测井曲线数据文件

附录 Ⅱ 三维地震工区中常见的文件类型

1. *.3dv——垂直地震数据文件，*01.3dv——控制文件，*02—16.3dv——存放实际数据文件。

2. *.3dh——时间切片文件，*01.3dh——控制文件，*02—16.3dh——存放实际数据文件。

3. *.bri、*.hts、*.cmp——地震数据文件的压缩形式。

4. 工区名.hrz——层位头文件，是层位的索引文件，包含层位属性，随着层位的增加和删除而改变。

5. *.hzd——层位数据文件，包含拾取层位的位置，在这里仅可见层位序号。如zz0020.hzd 为第 20 个层位，看不到层位名，可以运行 HrzUtil 来列出层位名和序号。

6. 工区名.fls——断层段文件，包含断层拾取的位置和属性(颜色、正断层等)，在解释中会改变，如拾取新的断层段，编辑已有的段。

7. 工区名.flp——断面文件，包括断面的位置和属性，在解释中会改变，如新建断层、分配断层等。

8. 工区名.fhv——断层的水平断距文件。

9. 工区名.flx——断层段索引文件。

10. *.dts——计算等值线文件。

11. *.mcf——手工等值线文件。

12. 工区名.pds——工区定义文件，包含主网格的详细说明和坐标位置的设置，在建工区时产生。一定要放在系统盘下，即 dir.dat 文件中指定的 sys 盘。

13. 工区名.pdf——工区定义文件。

14. *.anc——动画控制文件。

15. *.ani——动画文件，包含动画图，和 *.anc 文件一起控制动画显示。

16. *.ptf——点文件。

17. *.w3s——session 文件。

18. *.pcf——作业控制文件，运行 bcm3d 时用。

19. *.lst——运行 bcm3d 时产生的信息记录文件。

20. *.fmt——格式文件，控制输入输出的格式，一定要加 fmt 后缀，并放在系统盘下。

附录 Ⅲ　Linux 系统基本操作指令

一、启动 Linux 系统

启动 Linux 系统很简单，只需直接加电即可，但必须输入用户账号和口令。在系统安装过程中可以创建以下两种账号：

（1）root。超级用户账号（供系统管理员使用），使用这个账号可以在系统中做任何事情。

（2）普通用户。这个账号供普通用户使用，可以进行有限的操作。

一般的 Linux 使用者均为普通用户，而系统管理员使用超级用户账号完成一些系统管理的工作。如果只需完成一些由普通账号就能完成的任务，建议不要使用超级用户账号，以免无意中破坏系统，影响系统的正常运行。用户登录分为两步：第一步，输入用户的登录名，系统根据该登录名识别用户；第二步，输入用户的口令，该口令是用户自己设置的一个字符串，对其他用户是保密的，是在登录时系统用来辨别真假用户的关键字。

当用户正确地输入用户名和口令后，就能合法地进入系统。屏幕会显示：［root@localhost/root］#。

这时就可以对系统做各种操作了。注意超级用户的提示符是"#"，其他用户的提示符是"＄"。

二、退出系统

命令格式：shutdown［选项］时间［警告］。

说明：Linux 是在关闭时必须告知的操作系统，不能只关掉电源。shutdown 将系统带到可以关闭电源的安全点。shutdown 命令可以安全地关闭或重启 Linux 系统，它会在系统关闭之前给系统上的所有登录用户发送一条警告信息。该命令还允许用户指定一个时间参数，可以是一个精确的时间，也可以是从现在开始的一个时间段。精确时间的格式是 hh：mm，表示小时和分钟；时间段由"＋"和分钟数表示。系统执行该命令后，会自动进行数据同步的工作。

时间：关闭系统的时间。关于完整的时间格式，请参考用户手册。

警告：向所有用户发出警告信息。

选项含义：

－tn：在向进程发出警告信号和杀掉信号之间等待 n 秒。

－k：不真正关闭系统，只向每人发送警告信息。

－r：关闭后重新启动。

－h2：关闭后停机。

－n：快速关机，在重新启动和停机之前不作磁盘同步。

－f：快速重新启动，重新启动时不检查所有文件系统。

－c：取消已经运行的关闭命令。在本选项中，不能给出时间变量，但可以在命令行输入一个说明信息传给每个用户。

halt 命令也用来通知内核关闭系统，但它是一个只能由超级用户执行的命令。

如果只是退出登录，不论是 root 用户还是普通用户，只需简单地执行 exit 命令即可。

三、Linux 系统对文件和目录的操作命令

1. ls 显示目录内容

命令格式：ls[选项][目录或是文件]。

说明：对于每个目录，该命令将列出其中的所有子目录与文件。对于每个文件，ls 将输出其文件名及其所要求的其他信息。当未给出目录名或文件名时，则显示当前目录的信息。

该命令类似于 dos 下的 dir 命令。

选项含义：

－a：显示指定目录下所有子目录与文件，包括隐藏文件。

－d：如果参数是目录，就只显示其名称而不显示其下的各文件。此选项往往用作－1d，以得到目录的详细信息。

－i：在输出的第一列显示文件的 i 节点号。

－R：递归地显示指定目录的各个子目录中的文件。

－l：以长格式来显示文件的详细信息。这个选项最常用。每行显示的信息依次为文件类型与权限、链接数、文件属主、文件属组、文件大小、建立或最近修改的时间和文件名。

文件类型与权限为由 10 个字符构成的字符串表示，其中第一个字符表示文件类型，包括－(普通文件)、d(目录)、l(符号链接)、b(块设备文件)和 c(字符设备文件)。

对于符号链接文件，显示的文件名之后有"－〉"和引用文件路径名。对于设备文件，其"文件大小"字段显示的是主、次设备号，而不是文件大小。

2. cp 文件或目录的复制

命令格式：cp[选项]源文件或目录　目标文件或目录。

说明：该命令是把指定的源文件复制到目标文件或把多个源文件复制到目标目录中。

选项含义：

－a：该选项通常在拷贝目录时使用。它保留链接、文件属性，并且复制所有子目录。

－f：删除已经存在的目标文件而不加提示。

－i：和－f选项相反，在覆盖目标文件之前会给出提示并要求用户确认。回答 y 时目标文件将被覆盖。为了用户文件的安全，最好使用该选项。

－r：若给出的源文件是一目录文件，此时 cp 将递归复制该目录下所有的子目录和文件。

此时目标文件必须为一个目录名。

3. mv 文件或目录更名或将文件由一个目录移到另一个目录中

命令格式：mv[选项]源文件或目录　目标文件或目录。

说明：根据 mv 命令中第二个参数类型的不同(是目标文件还是目标目录)，mv 命令会将文件重命名或将其移至一个新的目录中。当第二个参数类型是文件时，mv 命令完成文件重命名。此时，源文件只能有一个(也可以是源目录名)，它将所给的源文件或目录重命名为给定的目标文件名。当第二个参数是已存在的目录名称时，源文件或目录参数可以有多个，mv 命令将各参数指定的源文件均移至目标目录中。

选项含义：

－i：询问方式操作。如果 mv 操作将导致对已存在的目标文件的覆盖，此时系统会询问是否重写，并要求用户回答"y"或"n"，这样可以避免错误覆盖文件。

－f：禁止询问操作。在 mv 操作要覆盖某个已有的目标文件时不给予任何提示，指定此选项后，－i选项将不再起作用。

4. rm 删除文件或目录

命令格式：rm[选项]文件…。

说明：该命令的功能为删除一个目录中的一个或多个文件或目录，它也可以将某个目录及其下的所有文件及子目录全部删除。

选项含义：

－f：忽略不存在的文件，不给出提示。

－r：指示 rm 将参数中列出的全部目录和子目录均递归地删除。如果没有使用－r选项，则 rm 不会删除目录。

－i：进行交互式删除。使用 rm 命令要特别小心。因为一旦文件被删除，它是不能被恢复的。为了防止这种情况的发生，可以使用－i选项来逐个确认要删除的文件。

5. mkdir 创建目录

命令格式：mkdir[选项]dir－name。

说明：该命令创建由 dir－name 命名的目录。要求创建目录的用户在当前目录中(dir－name 的父目录中)具有写权限，并且 dir－name 不能是当前目录中已有的目录或文件名。

选项含义：

－m：对新建目录设置存取权限，也可以用 chmod 命令修改该权限。

－p：可以是一个路径名称。此时若路径中的某些目录尚不存在，加上此选项后，系统将自动建立那些尚不存在的目录，即一次可以建立多个目录。

6. rmdir 删除空目录

命令格式：rmdir[选项]dir－name。

说明：dir－name 表示目录名。使用该命令可以从某个目录中删除一个或多个子目录项。

需要特别注意的是，一个目录被删除之前必须是空的。rm－rdir 命令可代替 rmdir，但是有危险性。删除某目录时也必须具有对其父目录的写权限。

选项含义：

－p：递归删除目录 dir－name，当子目录被删除后，其父目录为空时，也一同被删除。如果整个路径被删除或由于某种原因保留部分路径，则系统在标准输出上显示相应的信息。

7. cd 改变工作目录

命令格式：cd[directory]。

说明：该命令将当前目录改变至 directory 所指定的目录。若没有指定 directory，则回到用户的主目录。为了改变到指定目录，用户必须拥有对指定目录的执行和读权限。

该命令可以使用通配符。

8. pwd 显示出当前工作目录的绝对路径

命令格式：pwd。

9. cat 显示文件

命令格式：cat[选项]文件列表。

说明：如果没有指定文件或连字号（－），就从标准输入读取。

选项含义：

－b：计算所有非空输出行，开始为1。

－n：计算所有输出行，开始为1。

－s：将相连的多个空行用单一空行代替。

－V：显示除 LFD 和 TAB 以外的所有控制符，使用＾作标志并在高位置的字符前放 M－。

－A：相当于－vET。

－E：在每行末尾显示 $ 符号。

－T：用^I 显示 TAB 符号。

10. find 搜索文件

命令格式：find 目录列表[选项]。

选项含义：

－name 文件：告诉 find 要找什么文件；要找的文件包括在引号中，可以使用通配符（＊和?）。

－perm 模式：匹配所有模式为指定数字型模式值的文件。不仅是读、写和执行，所有模式都必须匹配。如果在模式前是负号(－)，表示采用除这个模式外的所有模式。

－type x：匹配所有类型为 x 的文件。x 是 c(字符特殊)、b(块特殊)、d(目录)、p(有名管道)、l(符号连接)、s(套接文件)或 f(一般文件)。

－links n：匹配所有连接数为 n 的文件。

－size n：匹配所有大小为 n 块的文件(512 字节块，若 k 在 n 后，则为 1K 字节块)。

－user 用户号：匹配所有用户序列号是前面所指定的用户序列号的文件，可以是数字型的值或用户登录名。

find 命令支持多个条件进行组合(and、or、not)：其中用 － a 表示 and(与)，用 － o 表示 or(或)，用! 表示 not(非)。如，在全盘查找一个名为 a. txt 的文件：$ find/ － name a. txt；在 home 目录下查找属于用户 xf 的所有扩展名为 htm 的文件：$ find/ － name ＊. htm － a － user xf。

11. grep 按指定模式查找文件

命令格式：grep[选项]字符串　文件列表。

选项含义：

－v：列出不匹配串的行。

－c：对匹配的行计数。

－l：只显示包含匹配的文件的文件名。

－n：每个匹配行只按照相对的行号显示。

－i：产生不区分大小写的匹配，缺省状态是区分大小写。

12. more 通用的按页显示

命令格式：more[选项]文件名。

选项含义：

－n：n 是整数，用于建立大小为 n 行长的窗口。窗口大小是在屏幕上显示多少行。

－c：用 more 给文本翻页时通过在最上面清除一行，然后在最后写下一行的办法写入。

通常，more 清除屏幕，再写每一行。

－d：显示"Press space to cpntinue，' q' quit"代替 more 的缺省提示符。

－f：计算逻辑行代替屏幕行。长行在屏幕上换行显示，通常被 more 计算为新的一行。

－f：标志对长行的换行显示不计数。

－l：不处理^L(换页)字符。通常，more 处理^L 与窗口填满暂停一样。

－s：将多个空行压缩处理为一个。

-p：不滚屏，代替它的是清屏并显示文本。

-u：禁止加下划线。

文件名：希望用 more 显示的文件列表。

13. tar 为文件和目录创建档案

命令格式：tar[主选项 + 辅选项]文件或者目录。

说明：利用 tar，用户可以为某一特定文件创建档案(备份文件)，也可以在档案中改变文件，或者向档案中加入新的文件。tar 最初被用来在磁带上创建档案。现在，用户可以在任何设备上创建档案，如软盘。利用 tar 命令，可以把一大堆文件和目录全部打包成一个文件，这对于备份文件或将几个文件组合成一个文件以便于网络传输是非常有用的。使用该命令时，主选项是必须有的，由它确定 tar 的工作。

主选项含义：

c：创建新的档案文件。如果用户想备份一个目录或一些文件，就要选择这个选项。

r：把要存档的文件追加到档案文件的末尾。例如用户已经做好备份文件，又发现还有一个目录或一些文件忘记备份了，这时可以使用该选项，将忘记的目录或文件追加到备份文件中。

t：列出档案文件的内容，查看已经备份了哪些文件。

u：更新文件。即用新增的文件取代原备份文件，如果在备份文件中找不到要更新的文件，则把它追加到备份文件的最后。

x：从档案文件中释放文件。

辅助选项含义：

b：该选项是为磁带机设定的。其后跟一数字，用来说明区块的大小，系统预设值为 20(20 * 512 bytes)。

f：这个选项通常是必选的，使用档案文件或设备。

k：保存已经存在的文件。例如我们把某个文件还原，在还原的过程中，遇到相同的文件，不会进行覆盖。

m：在还原文件时，把所有文件的修改时间设定为现在。

M：创建多卷的档案文件，以便在几个磁盘中存放。

v：详细报告 tar 处理的文件信息。如无此选项，tar 不报告文件信息。

z：用 gzip 来压缩/解压缩文件，加上该选项后可以将档案文件进行压缩，但还原时也一定要使用该选项进行解压缩。

14. gzip 压缩文件

命令格式：gzip[选项]压缩(解压缩)的文件名。

说明：gzip 是一个在 Linux 系统中经常使用的对文件进行压缩和解压缩的命令，既方便又好用。

各选项的含义：

- c：将输出写到标准输出上，并保留原有文件。

- d：将压缩文件解压。

- l：对每个压缩文件，显示下列字段：压缩文件的大小、未压缩文件的大小、压缩比和未压缩文件的名字。

- r：递归式地查找指定目录并压缩其中的所有文件或解压缩。

- t：测试，检查压缩文件是否完整。

- v：对每一个压缩和解压的文件，显示文件名和压缩比。

- num：用指定的数字 num 调整压缩的速度，-1 或 -fast 表示最快压缩方法（低压缩比），-9 或 -best 表示最慢压缩方法（高压缩比）。系统缺省值为 6。

15. uinzip 展开 *.zip 文件

命令格式：unzip[选项]压缩文件名.zip。

说明：在 Linux 系统下可以用 unzip 展开在 Windows 下用压缩软件 winzip 压缩的文件，该命令用于解开扩展名为.zip 的压缩文件。

选项含义：

- x：用文件列表解开压缩文件，但不包括指定的 file 文件。

- v：查看压缩文件目录，但不解压。

- t：测试文件有无损坏，但不解压。

- d：目录，把压缩文件解压到指定目录下。

- z：只显示压缩文件的注解。

- n：不覆盖已经存在的文件。

- o：覆盖已存在的文件且不要求用户确认。

- j：不重建文档的目录结构，把所有文件解压到同一目录下。

参考文献

[1]刘淑芬.地震勘探原理[M].北京：中国石化出版社，2022.

[2]张明学.地震勘探原理与解释[M].北京：石油工业出版社，2010.

[3]陆基孟.地震勘探原理[M].北京：石油大学出版社，2009.

[4]周绪文.反射波地震勘探方法[M].北京：石油工业出版社，1989.

[5]普泽列夫.H.，林中洋.反射波法地震资料解释[M].北京：中国工业出版社，1963.

[6]孙家振，李兰斌.地震地质综合解释教程[M].北京：中国地质大学出版社，2002.

[7]张玉芬.反射波地震勘探原理和资料解释[M].北京：地质出版社，2007.

[8]马在田.三维地震勘探方法[M].北京：石油工业出版社，1989.

[9]莱夫赫.T.R.地球物理综合解释[M].北京：石油工业出版社，1987.

[10]吴奇之.地震资料解释工作的现状与展望[J].石油地球物理勘探，1987(4)：468－482.

[11]刘企英.利用地震信息进行油气预测[M].北京：石油工业出版社，1994.

[12]朱广生.地震资料储层预测方法[M].北京：石油工业出版社，1995.

[13]陈更生，谢清惠，吴建发.地震多属性技术组合在泸州页岩气区块构造解释中的综合应用[J].物探与化探，2022，46(6)：1349－1358.

[14]张佳佳，张广智，张繁昌.地震资料构造解释综合实验设计与探索[J].实验技术与管理，2020，37(4)：82－85＋90.

[15]李操.地震构造解释中断层阴影区假断层现象分析——以松辽盆地北部敖古拉断层为例[J].新疆石油地质，2020，41(2)：223－227＋247.

[16]杨东升，赵志刚，杨海长.深水崎岖海底区构造解释与圈闭落实——以琼东南盆地深水区宝岛凹陷为例[J].石油学报，2018，39(7)：767－774.

[17]扈玖战，荆雅莉，徐立显.精细构造解释及储层预测技术在龙西地区的应用[J].石油地球物理勘探，2017，52(S1)：66－71＋7.

[18]朱哲.准噶尔盆地西北缘构造解释与圈闭综合评价[D].成都：西南石油大学，2016.

[19]朱猛.孤岛地区沙河街组三维地震构造解释及储层预测[D].青岛：中国石油大学(华东)，2016.

[20]姜宏章，李新峰，李殿波.复杂断块油藏的精细构造解释方法[J].大庆石油地质与开发，2015，34(5)：131－134.

[21]白斌.三维地震资料构造解释技术研究[D].大庆：东北石油大学，2015.

[22]徐敏，梁虹.川东北高陡复杂构造区三维地震精细构造解释技术[J].石油物探，2015，54(2)：197－202.

[23]刘阿成，唐建忠，张杰.闽中南近海浅部地震地层和埋藏特殊地貌[J].海洋地质与第四纪地质，2022，42(6)：119－130.

[24]刘艺林.地层尖灭地震响应与识别方法研究[D].成都：成都理工大学，2021.

[25]王飞.河套盆地吉兰泰地区地震地层划分及地震相研究[D].西安：西北大学，2018.

[26]陈洁，万荣胜，张金鹏.南沙海域海底浅层第四系地震地层结构与地质意义[J].地球物理学报，

2018, 61(1)：242 -249.

[27] 赵维娜, 张训华, 吴志强. 三瞬属性在南黄海第四纪地震地层分析中的应用[J]. 海洋学报, 2016, 38(7)：117 -125.

[28] 刘亚楠. 南黄海中部中更新世以来地震地层学特征与构造 - 沉积环境演化[D]. 北京：国家海洋局第一海洋研究所, 2016.

[29] 陈茂山. 地震地层体及其分析方法[J]. 石油地球物理勘探, 2014, 49(5)：1020 -1026 +824.

[30] 应丹琳, 潘懋, 李忠权. 海拉尔—塔木察格复杂断陷盆地地震地层对比[J]. 西南石油大学学报(自然科学版), 2011, 33(3)：47 -52 +192.

[31] 程日辉, 李飞, 沈艳杰. 火山岩地层地震反射特征和地震 - 地质联合解释：以徐家围子断陷为例[J]. 地球物理学报, 2011, 54(2)：611 -619.

[32] 韩小俊, 施泽进, 郑天发. 地震地层及地震相分析在川东南复杂储层识别中的应用[J]. 成都理工大学学报(自然科学版), 2006(2)：193 -197.

[33] 杨占龙, 沙雪梅, 魏立花. 地震隐性层序界面识别、高频层序格架建立与岩性圈闭勘探——以吐哈盆地西缘侏罗系—白垩系为例[J]. 岩性油气藏, 2019, 31(6)：1 -13.

[34] 朱经飞. 开平凹陷古近系地震层序地层分析及其发育特征研究[D]. 北京：中国地质大学(北京), 2017.

[35] 王冠民, 李明鹏, 印兴耀. 基于高频地震层序厚度变化的三角洲亚相划分——以渤中1/2 地区为例[J]. 石油地球物理勘探, 2015, 50(6)：1173 -1178 +1034.

[36] 马丽娟, 陈珊. 高频地震层序解释技术及应用[J]. 地球物理学进展, 2014, 29(3)：1206 -1211.

[37] 高棒棒, 苏海, 段淑远. 苏里格南部地区地震储层预测技术研究——以盒8 段为例[J]. 地球物理学进展, 2020, 35(4)：1364 -1369.

[38] 水根文. 地震储层预测技术在 MHS 地区的应用研究[D]. 武汉：长江大学, 2018.

[39] 孙振涛. 鄂南地区地震储层预测存在问题与思考[J]. 物探化探计算技术, 2018, 40(2)：162 -168.

[40] 董雪梅, 徐怀民, 胡婷婷. 层序约束地震储层预测技术在岩性圈闭识别中的应用[J]. 石油地球物理勘探, 2012, 47(S1)：84 -90 +167 +162.

[41] 韩云. 松辽盆地杏西地区地震储层预测技术研究[D]. 长春：吉林大学, 2012.

[42] 崔永谦, 邵龙义, 谢建荣. 河流砂岩地震储层预测中的几个问题[J]. 物探与化探, 2010, 34(1)：54 -58.

[43] 张洪学, 印兴耀, 李坤. 裂缝型储层五维地震有效压力参数预测[J]. 石油物探, 2022, 61(3)：521 -542.

[44] 印兴耀, 廖洋, 王大勇. 油气地震勘探理论亟待突破[N]. 中国科学报, 2021 -08 -09(3).

[45] 许玉莹. 基于 OVT 域地震资料的煤田精细构造解释方法研究[D]. 太原：太原理工大学, 2020.

[46] 印兴耀, 张洪学, 宗兆云. 五维地震油气识别方法[J]. 应用声学, 2020, 39(1)：63 -70.

[47] 印兴耀, 张洪学, 宗兆云. OVT 数据域五维地震资料解释技术研究现状与进展[J]. 石油物探, 2018, 57(2)：155 -178.

[48] 申有义, 李娟, 董银萍. 基于 OVT 域多地震属性各向异性反演的裂缝预测[J]. 中国煤炭地质, 2024, 36(5)：63 -68 +81.

[49] 王海龙, 高建虎, 李海亮. "两宽一高"地震勘探技术在油气精细勘探中的应用[J]. 石油地球物理勘探, 2022, 57(S1)：137 -144 +13.

［50］詹仕凡，陈茂山，李磊．OVT 域宽方位叠前地震属性分析方法［J］．石油地球物理勘探，2015，50（5）：956 – 966 + 806.

［51］白辰阳，张保庆，耿玮．多方位地震数据联合解释技术在 KN 复杂断裂系统识别和储层描述中的应用［J］．石油地球物理勘探，2015，50（2）：351 – 356 + 6 – 7.

［52］王学军，蔡加铭，魏小东．油气勘探领域地球物理技术现状及其发展趋势［J］．中国石油勘探，2014，19（4）：30 – 42.

［53］刘依谋，印兴耀，张三元．宽方位地震勘探技术新进展［J］．石油地球物理勘探，2014，49（3）：596 – 610 + 420.

［54］陈怀震，印兴耀，高成国．基于各向异性岩石物理的缝隙流体因子 AVAZ 反演［J］．地球物理学报，2014，57（3）：968 – 978.

［55］刘传虎．宽方位地震技术与隐蔽油气藏勘探［J］．石油物探，2012，51（2）：138 – 145 + 104.

［56］赵殿栋．高精度地震勘探技术发展回顾与展望［J］．石油物探，2009，48（5）：425 – 435 + 15.